HOW TO CLONE A MAMMOTH
THE SCIENCE OF DE-EXTINCTION

マンモスのつくりかた

絶滅生物がクローンでよみがえる

ベス・シャピロ
BETH SHAPIRO

宇丹貴代実［訳］

筑摩書房

HOW TO CLONE A MAMMOTH
The Science of De-Extinction
by
Beth Shapiro

マンモスのつくりかた　もくじ

第9章 数を増やす

マンモスのつくりかた

わが子、ヘンリーとジェイムズに――
どんな惨状であれ、わたしたちがもたらしたものを受け継ぐことになるのだから。

プロローグ

〝脱絶滅（de-extinction）〟ということばがはじめて使用されたのは、わたしの知るかぎり、SF小説のなかです。一九七九年に刊行されたピアズ・アンソニイの『魔王の聖域』(1)に、ある魔法使いがふいに、その瞬間まで絶滅したものと思っていたネコの存在に気づく場面があります。アンソニイは次のように書いています。「［魔法使いは］立ちつくし、この突然の脱絶滅を見つめていた。はっきりと考えをまとめることができないまま」。おそらく、わたしたちの多くも、絶滅したはずの生物の生きた姿にはじめて遭遇したら、まさに同じ反応を示すのではないでしょうか。

脱絶滅が現実に可能かもしれない――科学が進歩してついに絶滅が永遠の現象ではなくなるかもしれない――という考えには、わくわくさせられると同時に恐怖を覚えます。脱絶滅はわたしたちの生きかたをどんなふうに変えるのでしょう。経済成長にあらたな機会を提供し、全地球規模的な環境保全の気運を活気づかせるのか。それとも、わたしたちを惑わして誤った安心感を抱かせ、結果的に種の絶滅ペースを加速させてしまうのか。

二〇一三年に、〝脱絶滅〟はあらたな科学の一分野となりました——少なくとも、『タイムズ』紙によればそうです。(2)こうした高い位置づけとは裏腹に、〝脱絶滅〟の科学は何をめざすべきなのか、いまだ総意が得られていません。当初は明白に思えました。脱絶滅とは、クローニングによって、絶滅種とまったく同じ複製をよみがえらせることだ、と。けれども、絶滅して久しい種——リョコウバト、ドードー、マンモスなど——のクローンの作製は現実的ではありません。これらの種については、クローンの作製とはべつの手法で脱絶滅をめざすことになるでしょう。考えられるのは、絶滅種の形質や行動様式を遺伝子操作で現存種に組み入れるといったものです。そしてこの現存種を、絶滅種のかつての生息場所で繁栄できるよう適応させるのです。ただし、本物のマンモスやドードーやリョコウバトというわけではないので、はたしてこの結果に社会は好意的な反応を示してくれるでしょうか。

ピアズ・アンソニイの小説は、脱絶滅に対するわたしたちの反応について不気味なまでの先見性を示しています。くだんの魔法使いは、脱絶滅が可能なことを認識するなり、たぶんまだ自分の考えをまとめきらないうちに、べつの考えを抱きます。「もし、これらの動物を殺したら、種を再絶滅*させることになるのだろうか」

わたしが日々交流する人の多くは、脱絶滅は必然の流れだと信じています。残念ながら、これは偏った人口標本であり、たいていの人は自分に影響がおよびそうな場合にしか脱絶滅を気にかけません。もちろん、脱絶滅という考えに魅せられる人もいるでしょう。絶滅種がよみがえったら野生環境がよくなるかもしれないと考えて、がぜん熱心に支持するかもしれません。あるいは、ただマンモスを自分の目で見て触りたいだけの人もいるでしょう。かたや、ごく良識的で聡明な人々も含めて、脱絶滅の考えが気に食わない人たちもいるはずです。絶滅種をよみがえらせるコストは高いですし、絶滅したせいで環境にどんな影響をおよぼすのかもはやよくわからない生物を野生に放つ

＊文法学者への警告：アンソニイの魔法使いは、もしかしたらこの文章で、やっかいな瞬間をいち早く提示しているのかもしれない。すなわち、脱絶滅を論じている最中に、みなさんのような人々の感情を逆なですることなく考えをまとめる穏当な手段などないことをふいに悟った瞬間を……。いったい、生き返らせた種をどう呼べばいいのだろう？　〝脱絶滅〟という呼称は、一過程に言及するときには申し分なく論理的に思えるが、その過程の結果を〝脱絶滅状態〟と呼ぶのは不適切な気がする。〝絶滅を脱した状態〟というのは論理的だが、口頭はもちろん、書きことばでさえもわずらわしい表現だ。わたしは〝脱絶滅状態〟よりも〝非絶滅〟を使いたい。というのも、〝非絶滅〟は、そこに到達する過程ではなく、状態を表しているように思えるからだ。たとえば、「マンモスは非絶滅種だ」というふうに。もちろん、「マンモスはもう絶滅してはいない」でもなんら問題はない。

ならば、現在進行形の場合はどうだろう？　ジョージ・チャーチの研究室がマンモスを脱絶滅させている、と言うとき、わたしはぞくぞくする。とはいえ、この反応は科学とは無関係だ。脱絶滅をはじめて公式に科学的議論する場において、一部の人間は〝復活〟およびその変形語を使うことを提案した。たとえば、「わたしたちは絶滅種を復活させている」というふうに。〝復活〟は文法的には問題ないが、その宗教的な含意は誤解を招きそうだ。たしかに、〝脱絶滅させる〟には、〝再絶滅させる〟と同じく、ぞっとする響きがある。だが、いまわたしたちはそれを行なっている。もしかしたら、たとえ長たらしくとも、すんなり理解できて――少なくとも文法的には――当たり障りのない表現で押しとおすべきなのかもしれない。すなわち、わたしたちは絶滅種をよみがえらせるのに必要な科学を発達させているのだ、と。

ことは無数のリスクをともないます。脱絶滅をだれよりも恐れる人たちは、アンソニイの魔法使いのように、いつでも覆せるという事実を心のよりどころにするでしょう。そう思うと、わたしは不安になります。歴史が繰り返すこと、つまり必要に駆られればわたしたちがよみがえらせた種を再根絶しうることは、まぎれもない事実です。とはいえ、この分野で研究する科学者として、わたしたちは怪物を生み出すのでも、生態系をがらりと変えてしまうのでもなく、異種間の相互作用を復活させて生物の多様性を保つことをめざしています。科学で過去を復元できるときが来るとしても、その成果を目にするまでに数年、いや数十年かかるかもしれません。なんらかの欠陥が見えてきたからといって、すぐにきびすを返し、実現に向けて懸命に取り組んできたものを破壊するような事態を、わたしは望みません。

もちろん、現実世界で絶滅種――あるいは、絶滅種と現存種の雑種――に居場所を作ろうとするなら、わたしたちの社会は一体となって、考えかたや行動、さらには法律さえも変える必要があるでしょう。科学は、過去をよみがえらせる道を切りひらいています。けれども、その道は長く、必ずしも直線ではないでしょうし、もとより平坦でもありません。

本書の狙いは、脱絶滅の道路地図《ロードマップ》を提供することです。まずは、どんな種または、どんな特質をよみがえらせるべきか判断基準を論じ、次に、DNA配列から命ある生物体へと到達する回りくどく迷いやすい道に立ち寄って、最後に、創造した生物をひとたび野生環境に放ったときいかに個体群を管理するかを議論します。わたしの目標は、科学と空想科学小説《SF》を区別して脱絶滅を説明すること。脱絶滅過程のいくつかの段階、たとえば保存状態がよい絶滅種の遺体化石を見つけることは、比較的実現がたやすいでしょう。けれども、絶滅種のクローンを作製するとなると、とうてい実現できないかもしれません。脱絶滅の研究に積極的にかかわる科学者として、わたしの見解はあくまで、熱意あふれる現実主義者のものです。多くの場合、脱絶滅は科学的には可能でも倫理的には正当と認められないでしょう。それでも、脱絶滅の技術が、種や生息環境の保全において重要な手段となる可能性はおおいにあります。こうした主張が相矛盾すると思えるなら、どうか本書をお読みください。

第1章

絶滅を反転させる

数年前のこと、白亜紀の終了時期を少しばかりまちがえたせいで、大学の同僚に食ってかかられた。当時教鞭をとっていたペンシルヴェニア州立大学で、わたしは大学院生向けに自分の研究に関する非公式のセミナーを行なった。内容は、マンモスについて――とりわけ、いつ、どこで、なぜマンモスが絶滅したのか。もっと具体的に言うなら、凍ったマンモスの骨から採取したDNAのかけらにより判明した、マンモスの絶滅にかかわる情報についてだ。このごく最近の絶滅に関して語る前に、わたしはもっと以前のよく知られた絶滅のいくつかを引き合いに出した。そしてスライド上で、白亜紀が終了して古第三紀が始まる時期、K－P境界とも呼ばれ、恐竜が絶滅したことでよく知られている時期を〝およそ六五〇〇万年前〟とした。ところが同僚は、その数字が許しがたいほど不正確だと言うのだ。K－P境界は六五五〇万年前プラスマイナス三〇万年の誤差の範囲で起きたのであり（ともあれ、これが当時の科学者の総意であり）、二〇万年から八〇万年のずれを許すべきではない、と。

大学の同僚が細部にまで注意を払ってくれたことには感謝するが、わたしが恐竜を持ち出したのは、その正確な消滅時期について議論するためではない。ただ単に、わたしたちは数千年前になぜ恐竜が絶滅したのかわかったつもりになっているが、過去一万年間のどんな事象が絶滅をもたらしたのか、いまだ議論しているという事実を指摘したかったのだ。マンモスをはじめとする氷河時代の動物が絶滅したのは、地球の気候がいきなり生息不可能なほど温暖化したせいなのか。それとも、わたしたちの祖先が狩りすぎたせいなのか。この問いはいまも未解決だ。ひょっとして、わたしたちはあえて答えを出そうとしていないのかもしれない。

この世で最後の恐竜は、メキシコのユカタン半島沿岸に巨大な隕石が落下したのちに絶滅した。このほかに、同様の大異変――火山の大噴火や大きな隕石または彗星の衝突など――が、地球史上四つの大量絶滅を引き起こしたと考えられている。どの異変においても、塵や破片の厚い雲がどっと大気中に放出されて太陽の光をさえぎった。太陽光が届かないせいで植物が痛手をこうむり、多くの種が死に絶えた。植物共同体が崩壊すると、それを食べていた動物の共同体が崩壊し、さらにそれらの動物を食べていた動物の共同体が崩壊し、というふうに食物連鎖の上へ上へと影響がおよび、大異変が起きた当時生存していた種の五〇から九〇パーセントが絶滅した。

だが、マンモスの絶滅はちがう。過去一万年に、マンモスの絶滅を引き起こしたと考えうる大異変はひとつも確認されていない。最近の遺伝子研究で、マンモスの個体数はおよそ二万年前、最後の氷河時代の最盛期またはその直後くらいから減りはじめたことが判明している。つまり、彼らが食糧を得ていた北極地方の豊かな草原地帯――しばしば冷涼ステップと呼ばれる――が、しだいに現代の北極地植生に置き換わっていくころだ。マンモスは、北米大陸とアジアではおよそ八〇〇〇年前に絶滅したが、ベーリング海峡を挟んで離れた二地点ではさらに数千年ほど生きながらえていた。アラスカ西方沖のプリビロフ諸島では約五〇〇〇年前まで、シベリア北東沖のウランゲリ島では約三七〇〇年前までマンモスが生存していたのだ。

化石記録から、ステップバイソンと野生のウマが、最後の氷河時代の最盛期以前に北極地方を長らく支配していたことがわかっている。実のところ、これらの種は過去一〇万年の大半において、最も個体数が多い大型ほ乳類だった。この時期は地球史上とくに寒く、ふたつの氷河時代――およそ八万年前に最盛期を迎えたものと、およそ二万年前に最盛期を迎えたもの――を含み、その合間も長々と続く寒冷期だった。最後の氷河時代の最盛期が過ぎたあとようやく気候が本格的に温暖化しはじめ、およそ一万二〇〇〇年前に、現在の温暖期（完新世）に突入した。マンモス、ステップバイソン、野生のウマが完新世の始まった直後に消滅したことから、これらの種が寒冷な気候にしか適応していなかったと結論づけるのはもっともだ。世界が暖かくなったせいで、寒さに適応した種は絶滅したのだ、と。

この説明はじつに単純で心惹かれるが、問題がいくつかある。最たるものは、化石記録からケナガマンモスが遅くとも過去二〇万年前から北米に住んでいたことがわかっているのに、その期間が極寒期だけではない点だ。それどころか、およそ一二万五〇〇〇年前には、地球は現在と同じかもっと暖かかった。わたしたちが最後の間氷期と呼ぶ暖かい時期の最盛期にあたり、この間氷期はおよそ一三万年前から、八万年前の氷河時代の始まりまで続いている。マンモス、ステップバイソン、野生のウマはこの時期の化石記録にも見つかっていて、暖かい気候のもとでもこれらの種が生存できたことが示唆される。とはいっても、間氷期の骨は、のちの寒冷期よりもはるかに少ない。間氷期の化石記録によると、暖かい時期には、寒い時期とは異なる動物群集が北極地方を支配していた。たとえばオオナマケモノ、ラクダ、マストドン、ジャイアント・ビーバーなど、温暖な気候の生活に適応している動物たちだ。

化石記録をさらにさかのぼって調べると、ひとつのパターンが浮かびあがってくる。更新世は二五〇万年前から一万二〇〇〇年前、つまり完新世が始まるときまで続いていた。この更新世に、わたしたちの地球は少なくとも二〇回ほど、寒い氷期と暖かい間氷期を行ったり来たりしている。気候が変化するたびに、平均気温は五～七度と大きな変動を経験した。氷河が前進と後退を繰り返し、植物と動物は適した生息環境を探すのに四苦八苦した。気候が寒冷なときは、寒さに適応している種が広く繁殖した。気候が暖かくなると、これらの種は隔絶した退避地《レフュジア》、たいていは以前の分布域の周縁で生き残った。温暖な時期には、暖かい気候に適応している種が広く繁殖し、寒くなると暖かい退避地へと追いやられた。このように更新世には気候の変動はめずらしくなかったが、絶滅はまれだった。そして、およそ一万二〇〇〇年前、以前の幾たびかの変動とまったく同じように、寒い気候から暖かい気候へと移った。ところが、このときは、寒さに適応した動物相《ファウナ》がただ数を減らしただけではなかった。このときは、多くの種が絶滅してしまった。

この最新の気候の変動では何がちがっていたのだろう。答えははっきりしない。だが、可能性として、ひとつの説明が浮上する。じつは、完新世の始まりまでに、ほぼすべての大陸にひとつの新しい種が出現しているのだ。このあらたな種は並はずれて大きな脳を持ち、最適な居住環境を探すよりも、必要に応じて居住環境を変える能力があった。また、ゆゆしき破壊的性向を持っていた。見たところ、どこであれ、彼らの到来と同時期にほかの種、とくに大型の種が絶滅している。このあらたな種とは、もちろん人類だ。

マンモスをはじめとする氷河時代の動物が絶滅したのは、わたしたちのせいなのだろうか。興味深いことに、絶滅の出発点となる個体数の減少を引き起こしたのは、人類ではなく気候だったことを示す強力な証拠がある。人類とマンモスは、更新世氷河時代の最後の数千年のあいだ、ヨーロッパとアジアの北極地方で共存していた。考古学的な記録によれば、人類はたしかにこの時代にマンモスを狩っていたが、もっとのちの時代までマンモスが生存していたことから、狩りの圧力はマンモスを絶滅に向かわせるほどではなかったものと思われる。北米には、マンモスの個体数の減少要因が気候であることを示す、いっそう明確な証拠が存在する。人類が北米に到達したのは、すでにマンモス、ステップバイソン、野生のウマが減りはじめてかなり経過したのちだった。こうした証拠から、わたしたちはつい、彼らの絶滅は自分たちのせいではないと結論づけたくなってしまう。なにしろ、その場にいなかった以上、絶滅を引き起こせるはずがないのだから。

とはいえ、個体を減少させることと完全に消滅させることは別物であると考えるべきだ。化石記録や遺伝子データによる推測から、氷河時代に最盛期を迎えたあと個体数が減りはじめたのはいつなのかは突きとめられるが、現実に絶滅した時期はわからない。減少ではなく消滅に焦点を絞った場合、人類が主要な役割を果たしていないと言いきるのはむずかしい。寒さに適応した動物は、最新の間氷期の前も暖かい気候になるたびに数を減らしている。そして退避地を見つけて潜伏し、次の寒冷期が始まるまでひたすら時機をうかがっていた。おそらく現在の暖かい間氷期が始まったときにも、まさにそうしたはずだ。ところが、ひとたび人類が現れたあとは、こうした行動はこれらの種を絶滅に向かいやすくさせた。

最終的に、マンモス、ステップバイソン、野生のウマは、おそらく気候変動と人間の狩りと草原凍土地帯の消滅が重なったせいで絶滅した。まずは、最後の氷河時代のあと急速に暖かくなり、貴重な生息地が減少した。植物を踏みつけたり消費したりする草食動物の数が減って、栄養循環が遅くなり、生態系の生産性が低下した。おまけに、あらたに現れた知的な捕食動物は、残存していた氷河時代の生息地を格好の狩り場とした。人類の数が増え、その技術が洗練されるにつれて、これら退避地の個体はますます互いに隔絶させられ、生存に必要な数を保てなくなった。だがなかには、完新世が始まったのちも退避地の個体数がじゅうぶん保たれていた種もある。たとえば、わたしたちが行なったＤＮＡの研究から、ステップバイソンが一〇〇〇年前というごく最近までロッキー山脈最北部の隔絶地で生存していたことが判明している。こうした最近の絶滅の時期とパターンをさらに調べたなら、人類の役割がいっそう明らかになるのはまちがいない。

六番めの絶滅

　最後のマンモスがウランゲリ島で死んで三七〇〇年あまり経ったいま、おびただしい数の絶滅が目の当たりにされ、しかもそのペースが速まりつつある。科学者のなかには、完新世の絶滅を〝六番めの大絶滅〟と呼び、現在のこの危機が地球史上五つの大量絶滅と同じく地球上の生物多様性に破壊的な影響をおよぼしかねないとさえ主張する人々もいる。

　この〝絶滅〟という単語そのものが、わたしたちをぎょっとさせ、震えあがらせる。だが、なぜなのだろう。絶滅は生命の一部であり、種の形成と進化の自然な結果だ。さまざまな種が誕生しては、空間と資源をめぐって互いに競いあう。勝利した種は生き残る。負けた種は絶滅する。かつて生を受けた種のじつに九九パーセント以上が、いまや絶滅している。実のところ、わたしたちの種が今日優勢なのも、おそらく恐竜の絶滅によってほ乳類が多様化する余地ができたから、そして最終的にわたしたちがネアンデルタール人をうち負かしたからにほかならない。

　思うに、人々が絶滅を恐れる理由は三つある。まず、わたしたちは機会が失われることを恐れる。失われた種は永久に消えてしまう。もし、その種が何か恐ろしい病気の治療物質を持っていたり、きれいな海を保つためにきわめて重要だったりしたら？　ひとたびその種が消えてしまえば、そうした機会も失われる。ふたつめに、わたしたちは変化を恐れる。絶滅は周囲の世界を、予期しうる形であろうがなかろうが、とにかく変えてしまう。どの世代も、自分たちの住む世界がこの世の正しい姿であると考えるものだ。ところが、絶滅は、見知った世界にいるという認識や感覚を持ちにくくする。三つめに、わたしたちは失敗を恐れる。豊かで多様な世界に住む恵みを享受するかたわら、この惑星史上最強の種として、現在の多様性を自分たちの破壊的な性向から守る責務を感じている。なのに、わたしたちは森を切り倒し、生息地を破壊する。絶滅の危機に瀕しているのを承知しつつ、さまざまな種を狩り、漁《すなど》る。都市や高速道路やダムを建設して、各個体群間の移住経路をさえぎる。海や川や土地や空気を汚す。航空機、列車、船舶で可能なかぎり迅速に動きまわり、以前は平穏だった生息地に外来種を導入する。この地球を分かちあうほかの種を保護するどころか、共存する責務すら果たせていない。

絶滅は、わたしたちのせいではないことが明らかなら、はるかに受け入れやすい。なぜマンモスは絶滅したのか。人類であるわたしたちは、何か自然な現象に答えを求める。たとえば自然な気候変動などに。マンモスが絶滅したのは、生存に必要な冷涼ステップの草原地帯が最後の氷河時代のあとで消滅した結果、餓死したせいだと思いたい。マンモスが絶滅したのは、わたしたちの祖先がその肉や皮革や毛皮を貪欲に狩ったせいだとは思いたくない。

自分自身が影響を受けないかぎり絶滅を気にかけない人々がいるいっぽうで、多くの人は絶滅を容認することができない――とりわけ自分たちが原因である場合は。現代の絶滅のほとんどはやすやすと見過ごせてしまう。日常生活にほとんど影響がないからだ。とはいえ、こうした絶滅が累積すると、未来の多様性がいちじるしく減る。多様性の少ない未来では、陸上、海洋いずれの生態系にも次々に変化が生じ、わたしたち自身もにわかに絶滅の危機にさらされるかもしれない。自分に影響がおよぶ事態として、これ以上強烈なものはないだろう。

絶滅を反転させる

脱絶滅という考え――絶滅してしまった種をよみがえらせる可能性――が、多大な関心を引いたことは、さほど驚きではない。もし絶滅が永遠でないなら、わたしたちは責任を免れる。絶滅に追いやった種を復活させられるなら、手遅れになる前に自分たちの過ちを正せる。第二の機会を与えられ、自分たちの不始末を一掃し、健全で多様な未来を回復できる。そう、遅きに失してわたしたち自身の種を救えなくなる前に。

絶滅種をよみがえらせるのはまだ可能ではないが、科学はその方向へ進歩を重ねている。二〇〇九年、スペインとフランスの科学者チームが、絶滅した野生種のヤギであるピレネーアイベックス、別名ブカルドのクローンが、二〇〇三年に生まれていたことを発表した。クローンの母親は、家畜化されたヤギと別種のアイベックスとの雑種だという。ブカルドのクローン作製にあたっては、ヒツジのクローンであるドリーを一九九六年に誕生させたのと同じ技術が用いられた。この技術には生きた細胞が必要なので、一九九九年四月、最後の現存ブカルドが死ぬ一〇カ月前に、科学者たちがこれを捕まえて耳から小さな組織を採取した。その組織からブカルドの胚が複数作られた。そして代理母に移植された二〇八個の胚のうちわずか一個だけ生き残って、誕生にこぎつけた。残念ながら肺に大きな奇形部があり、赤ちゃんブカルドは数分で窒息死した。

二〇一三年、オーストラリアの科学者たちが、ある絶滅したカエル——カモノハシガエル——の胚の生成に成功したと発表した。用いた手法は、四〇年のあいだ冷凍庫に保管されていたカモノハシガエルの細胞から核を採取し、別種のカエルから提供された胚に挿入するというものだ。カモノハシガエルの胚はどれも数日以上は生きられなかったが、遺伝子を調べたところ、それらの胚が絶滅したカエルのDNAを持つことが確認された。

カモノハシガエルとブカルドのプロジェクトは、今日実施されている脱絶滅プロジェクトのふたつの例にすぎない。これらふたつは、絶滅前に採取して凍らせてあった細胞を用いており、当然ながら、既存の脱絶滅プロジェクトのうち最も有望だ。ほかの脱絶滅プロジェクト、たとえばマンモスやリョコウバトの脱絶滅は、気力を奪うような数々の難題に直面している。保存状態のよい素材を見つけるという課題はそのひとつにすぎない。だが、これらのプロジェクトはおかまいなしに進行され、しかもマンモスの場合は複数の異なる軌跡をたどっている。日本の近畿大学の入谷明は、凍った細胞を用いたマンモスのクローン作製を試み、二〇一六年までに成功させると宣言している。ハーヴァード大学ウィース研究所のジョージ・チャーチは、マンモスの遺伝子をゾウに挿入することによりマンモスをよみがえらせる手法を模索中だ。ロシア科学アカデミー北東科学局のセルゲイ・ジーモフは、いかにマンモスをよみがえらせるかよりも、よみがえらせたのちにどうするかを懸念している。彼はシベリアの自宅近くに更新世《プライストシーン》パークを設け、いずれ復活するマンモスの受け入れ準備を進めているところだ。

脱絶滅プロジェクトのすべてが、種に重きをおくわけではない。たとえば、ジョージ・チャーチのプロジェクトは、マンモスに似た形質をゾウのなかに復活させることを主眼にしている。このプロジェクトの目標はマンモスに似た動物を創造することだが、動機はゾウを北極地に再導入することにある。いっそう包括的な視点を持つのが、スチュアート・ブランドとライアン・フェランだ。ふたりは共同で〈リヴァイヴ&リストア〉という非営利団体を創設し、脱絶滅とその前提になる技術が今後数十年、あるいは数世紀に世界をどのように変えるか、あらゆる可能性を考えてみようと人々に呼びかけている。〈リヴァイヴ&リストア〉はリョコウバトの脱絶滅プロジェクトを開始し、さらに、遺伝的多様性が危険なまでに低い現存種を復興させるプロジェクトもいくつか推進中だ。たとえば、サンディエゴの冷凍動物園のオリヴァー・ライダーとともに、絶滅の危機にあるクロアシイタチの遺体化石からDNAを分離している。彼らの望みは、個体数が減少する前のクロアシイタチの遺伝的多様性を突きとめ、脱絶滅技術を用いて、失われた多様性を現存の個体群に戻すことだ。

二〇一三年三月、〈リヴァイヴ&リストア〉は、ワシントンD・Cのナショナルジオグラフィック協会本部で脱絶滅の科学と倫理をテーマにTEDxイベントを催した。このマスメディア向けのイベントは、扇情的な見出しにとどまらず深く掘りさげて脱絶滅を論じる最初の試みだった。イベント後、脱絶滅に関する世論は入り混じっていた。絶滅を取り消せる可能性を歓迎する人もいれば、嫌悪する人もいた。復活した種が再導入されたときの環境への影響が不明なことに、懸念が示された。倫理学者のなかには、脱絶滅は倫理的にまちがいだと主張する人もいた。逆に、よみがえらせることがほんとうに可能なら、そうしないのは倫理的にまちがいだと主張する人々もいた。また、コストを理由に反対する声や、現在考えうる恩恵がそうしたコストに見あうのかといった疑念の声もあった。ところが、侃々諤々と公に議論されるなかで、脱絶滅科学の現状にかかわる議論が失われてしまった――すなわち、いま何が可能で、将来何が可能になりそうか、という議論だ。そして、おそらくもっと重要なこと、つまり脱絶滅の目標をどう定めるかについてほとんど話題にならなかったし、当然ながら総意も得られなかった。はたして主眼をおくべきなのは種をよみがえらせることか、それとも、失われた生態系を復活させることか。あるいは、現在の生態系を保全または活気づけることなのか。さらに、同じく重要な問いとして、何をもって脱絶滅が成功したと考えるのか。

本書は、脱絶滅に関して〝科学〟と〝空想科学〟を切り離すことをめざす。今日何ができて何ができないのか、両者の溝はどうやれば埋められるのか、といった内容を述べるつもりだ。現在、特定の種をよみがえらせることに主眼がおかれているが、その種がマンモスであれ、またはドードー、リョコウバト、ほかのなんであれ、そうした姿勢は見当ちがいであるとわたしは主張する。脱絶滅は未来の科学界の一角を占めるが、それはすでに起きた絶滅の〝解毒剤〟としてではない。絶滅種は永遠に消滅したままだ。もはや生存していない種と一〇〇パーセント同一――生理学的、遺伝子的、行動的に同一――のものは、けっしてとり戻せないだろう。しかし、失われた形質の一部を復活させることはできる。そうした形質を遺伝子工学によって現存の生物体に挿入したうえで、それらの現存種が環境の変化に適応するよう手助けするのは可能だ。ある種が絶滅したときに失われてしまった多種間の相互作用を復活させられる。ひいては、損なわれた生態系を復元、回復できる。この生態学的な相互作用の復活こそが、わたしの考えでは、脱絶滅技術の真価なのだ。

脱絶滅の科学的展望

　わたしは生物学者だ。カリフォルニア大学サンタクルーズ校で講座を持ち、研究室を運営している。〝古代DNA〟と呼ばれる生物学の一分野を専門に扱う研究室だ。この分野で活動する研究者は、かつて生きていた生物体の組織（骨、歯、毛髪、種子など）からDNA配列を分離し、それを用いて古生物の個体および群集を研究する。古生物の遺体化石から抽出したDNAはおおむねひどい状態にある。ときに七〇万年もの歳月を経ていることを考えれば驚くに当たらないだろう。

　古代DNA分野の研究を行なう過程で、わたしはドードー、ジャイアントベア、ステップバイソンなどさまざまな絶滅動物からDNAを抽出し、調べてきた。これら絶滅動物のゲノムを形成するDNA配列を抽出してつなぎあわせれば、個々の動物の進化史についてほぼあらゆることを学べる――その個体の属する種が最初にいつ、どのように進化し、その個体の暮らす集団が氷河時代の気候変動にいかに対処してきたか、その種の特徴となる物理的外観や行動が住環境によってどのように形作られたか、などなど。骨のかけらをただすりつぶしてDNAを抽出するだけで、過去についてじつに多くを学べることに、わたしは魅了され、しばしば驚かされる。けれども、最新の研究結果にいかに興奮を覚えようと、必ず同じ問いに突きあたる。「はたして、この結果を受けてマンモスのクローンを作製できるのか」

　つねにマンモスなのだ。

この問いの難点は、絶滅種のDNA配列がわかったらその配列を用いてまったく同一のクローンが作れるものと決めてかかっていることだ。残念ながら、この思いこみは事実からほど遠い。マンモスとまったく同一のクローンの作製はけっしてできないだろう。クローニングはのちに説明するとおり、保存された〝生きた〟細胞を必要とする科学手法であり、ことマンモスに関しては、そうした細胞はどうがんばっても見つからない。

幸いにも、マンモスの形質や行動を復活させるのに必ずしもマンモスのクローンを作製する必要はなく、その点についてはべつの技術がめざましい進歩を見せている。たとえば、マンモスの毛深さを指定《コード》するDNA配列を突きとめたうえで、現存するゾウのゲノム配列を変えてもっと毛深くすることは可能だ。もちろん、マンモスの形質を復活させることは、マンモスそのものを復活させることと同じではない。しかし、その方向へ進む一歩ではある。

今日、科学者たちは、絶滅種のゲノムをいかに解析するか、研究室の環境でいかに細胞を扱うべきか、現存種のゲノムをいかに操作するかについて、一〇年前よりも多くの情報を持っている。そしてこれら三つの技術を合わせれば、最も可能性が高い脱絶滅のシナリオに道筋をつけられる。少なくとも脱絶滅の最初の段階、すなわち健康な生きた個体の創造はできるはずだ。

まず、ケナガマンモスなど絶滅種の完全なゲノムを解析するために保存状態のよい骨を見つける。それからゲノム配列を調べ、現存する進化上の近縁種のゲノムと比較する。マンモスに最も近い現存種はアジアゾウであり、したがってそこから始めることになるだろう。ゾウのゲノム配列とマンモスのゲノム配列のちがいを特定したうえで、ゾウのゲノムを微調整する実験を設計して、DNA

塩基を一度に数個ずつ変え、そのゲノムがゾウよりもマンモスに近くなるようにする。それから、微調整でマンモスに似せたゲノムを含むこの細胞を取り出し、発達させて胚にする。最後に、その胚を雌のゾウに移植すれば、約二年後に、ゾウの母親がマンモスの赤ちゃんを産む。

これらすべてを行なう技術が、今日すでに利用できる。だが、この実験の最終生成物はなんになるのだろう？　はたして、部分的にマンモスと同じゲノムを持つゾウを作ることは、マンモスを作ることと同じなのだろうか。マンモスはＡ、Ｃ、Ｇ、Ｔ――ＤＮＡ配列を構成するヌクレオチド塩基――が並んだ単なる鎖ではない。これらの塩基をただ正しい順番に並べたもの――ＤＮＡ配列、すなわち遺伝子型――から見かけも動きも生物そっくりな有機体を作製するという複雑な作業が、現段階で完全に理解されているわけではない。絶滅種と見かけも動きもそっくりな何かを生み出すことは、脱絶滅の成功に向けた重要な一歩となる。とはいえ、ただ単に保存状態のよい骨を見つけたり、その骨を用いてゲノムを解析したり、といったことよりもはるかに大変な課題だ。

脱絶滅の成功を想像するとき、わたしの頭に浮かぶのは、獣医と興奮状態の（いや、おそらくは熱狂状態の）科学者たちの注意深い監視のもと、飼育下のアジアゾウが少しばかり毛深いゾウを産む光景ではない。あるいは、この風変わりな生き物が動物園の囲いのなかで見世物にされ、おそらくはティラノザウルス・レックスや始祖鳥のほうが見たかったにちがいない子どもたちのぼんやりしたまなざしにさらされる場面でもない。そうではなく、完全な北極地の風景のなかで、マンモスの（または、マンモスに似た動物の）家族が冷涼ステップの草を食み、バイソン、ウマ、トナカイなどの群れと凍った大地を分かちあう姿だ――その大地の上を、マンモスは自由にうろつき、発情し、生殖する。人間の介入を必要とせず、再絶滅する恐れもなく。この状態——生殖できる個体を次々に作製していき、いずれは個体群をまるまる野生に放つこと——は、脱絶滅の第二段階に相当する。わたしの考えでは、この第二段階なしに脱絶滅が成功したとは言えない。

前述の牧歌的な北極地の光景が、未来に登場するかもしれない。けれども、脱絶滅が成功するまでに、科学が映画に追いつくべきさまざまな課題がある。たとえば、わたしたちはまだマンモスのゲノム配列を完全に解読してはいないし、マンモスのゲノム配列のどの部分がマンモスに似た見かけや行動を作るのに重要なのか正確に理解するにはほど遠い。おかげで、何から着手すべきか決めるのはむずかしく、どれだけの作業が待ち受けているのか推測するのもほぼ不可能に思える。

いまだ解決されていないべつの問題は、種または個体間の大きな差異、たとえば特定の遺伝子のスイッチが発達過程のいつ、どのくらいの期間入るのか、特定のタンパク質がどのくらい消化管で作られてどのくらい脳で作られるのか、といったことが後成的遺伝になることだ。つまり、こうした差異にかかわる指示はＤＮＡ配列そのものにコード化されているのではなく、その動物が住む環境によって決定される。その環境がもし、飼育下の交配施設だったら？　マンモスの赤ちゃんは、ゾウの赤ちゃんと同じく母親の排泄物を食べて、消化した食べ物を分解してくれる微生物群を確立できるのか。それとも、マンモスの消化管用の微生物を再構築する必要があるのか。このほかにマンモスの赤ちゃんに要るものは、住む場所や、生活のしかたを教えてくれる社会集団、そしていずれは、自由に歩きまわれて密猟などの危険がない開けた広大な空間も必要となってくる。したがって、おそらくは新しい形態の国際協力や協調が求められるだろう。その過程で、いまだ完全かつ適切には定義されておらず、ましてや探求もされていない法的、倫理的な領域に足を踏み入れることになる。

いささか悲観的な展望だが、本書の目的はけっして、脱絶滅はどうやっても実現しえないし、実現すべきではないと主張することではない。それどころか、今後数年以内に脱絶滅を実現したと主張するだれかが現れるものと、わたしはほぼ確信する。とはいえ、成功と認めるにあたって求められる高い基準についても論じるつもりだ。脱絶滅が成功したと言えるのは、はたして発生中のゾウの胚にマンモスの遺伝子がひとつだけ挿入され、さらにそのゾウが成獣になるまで生き延びたときだろうか。脱絶滅の純粋主義者はノーと言うかもしれないが、わたしはマンモスのＤＮＡが挿入された結果ゾウがいかに変化するかを知りたい。脱絶滅が成功したと言えるのは、現存するどんなゾウよりもすぐれた耐寒性を持つ毛むくじゃらなゾウが生まれたときだろうか。仮に、そのゾウがマンモスに似た見かけを持つだけでなく、かつてマンモスが住んでいた場所で生殖でき、個体群を維持できたならどうだろう。脱絶滅の成功を宣言できる境界が人によって異なるのは当然だが、わたしはこの状態――復活させたマンモスのＤＮＡのおかげで、マンモスがかつて生活していた場所で生活でき、マンモスが活動していたように活動できる動物が誕生すること――を脱絶滅の成功と呼びたい。たとえ、その動物のゲノムがどう見てもマンモスよりゾウに近かったとしても。

脱絶滅を実現させる

脱絶滅には、多くの技術的な障壁が待ち構えている。科学はいずれそれらの障壁を越える道を見つけるだろうが、そのためには、おびただしい時間と資金の投入が必要になる。脱絶滅は高くつくのだ。動物福祉と環境倫理の面でも考慮すべき重要な問題があるだろう。ほかのどんな研究プロジェクトでもそうであるように、研究の社会的なコストを、得られた知識や成果の社会的な利益と天秤にかけなくてはならない。

仮にマンモスをよみがえらせて動物園に入れたなら、マンモスが現存のゾウといかに異なるか研究できるし、ひょっとして動物が進化して寒冷気候に適応する過程をいくらか突きとめられるかもしれない。脱絶滅を支持する科学者にはこれを妥当な目標とみなす人もいるし、科学者でない人たちの多くは、動物園であろうがサファリパークや自然のままの野生の生息地であろうが、とにかく脱絶滅種を目にすれば喜ぶだろう。だが、観察できておそらくは研究も行なえることは、はたしてそのマンモスを生み出すコストを正当化する社会的利益としてじゅうぶんなのか。

もし、マンモスがゾウと同じく生息地の維持に一定の役割を果たすとしたら、マンモスをよみがえらせて北極地に放した場合、現行のツンドラを氷河時代の冷涼ステップに似た環境に作りかえるかもしれない。ひいては、野生のウマやオオハナレイヨウといった北極地の絶滅危惧種や、ショートフェイスベアなど脱絶滅の対象になりそうな大型動物に適した生息環境がもたらされる。はたして、生息環境を現存種の利益になるよう蘇生させることは、コストを正当化するのにじゅうぶんなのか。もちろん、時とともに生態系は変化、適応していくし、たとえ絶滅を脱したマンモスの個体群が自由に生活していようと現代のツンドラが更新世の冷涼ステップに戻るという確証はない。こうした成功の不確実性は、脱絶滅のコストを分析するさいに考慮すべきなのか。

仮に、現在の環境に対して重要な役割を果たしていたごく最近の絶滅種が確認され、その種をよみがえらせるとしたらどうだろう。たとえば、カンガルーネズミはアメリカ南西部の砂漠の原産だが、過去五〇年間でいちじるしく個体群が細分化され、今日、多くの亜種が絶滅したと言われている。カンガルーネズミはまた、生態系にきわめて重要な役割を果たしているので、消滅すると一〇年も経たずに砂漠の平原が乾燥した草原に変わりかねない。カンガルーネズミの絶滅によるドミノ現象で、種子の小さな植物が消えて代わりに種子の大きな植物（カンガルーネズミがいたらその種子を食べていた植物）が台頭し、ひいては小さな種子を食べる小鳥が減少する。餌を捕ったり穴を掘ったりする動物が減ると、植物の腐敗や雪解けが遅くなり、掘られた穴の減少にともなって体の小さい動物や昆虫の隠れ場が失われる。カンガルーネズミが絶滅すれば、生態系がまるごと絶滅の危機に瀕するのだ。では、カンガルーネズミの復活で生態系をまるごと救えるとしたら、コストを正当化するのにじゅうぶんだろうか。

次章以降で、わたしは脱絶滅のステップを概観する。前述のとおり、脱絶滅はおそらくふたつの段階を経て実現されるだろう。最初の段階には、生命のある有機体が誕生するまでのあらゆる事項が含まれ、第二段階には、その有機体を生み出し、育てて、野生環境に放ち、最終的に個体群を管理するまでが含まれる。各ステップにつき、現在わかっていること、知る必要があること、じきに判明しそうなこと、おそらく不明のままになりそうなことを説明する。また、どんな脱絶滅プロジェクトにもかかわってくるであろう科学的、倫理的、法的な検討事項についても論じる。本書はハウツー本の体裁をとっているが、脱絶滅は直線的な過程ではないし、すべてのステップがどの種にも適用されるわけではない。たとえば、絶滅前に生きた組織が冷凍保存してあった種は従来の意味でのクローン作製が可能だが、ほかの種は生存可能な胚の作製のためにいくつかのステップを余分に必要とするだろう。

わたしは専門家として〈リヴァイヴ&リストア〉と連携する過程で、もっか脱絶滅実験の対象とされているふたつの種――マンモスとリョコウバト――の研究に関与してきた。したがって、動物を中心に（実のところ、マンモスとリョコウバトを中心に）脱絶滅について概論することになる。とはいえ、詳細の多くは分類学的な境界線を越えて広く応用可能だ。願わくば、脱絶滅の展望について現実的だが冷笑的ではない見解を示したい。脱絶滅は生物多様性の保全にあたって強力な新しい手段になりうると、わたしは信じている。

第2章
種を選択する

先ごろ、カリフォルニア大学サンタクルーズ校で生態学を専攻する大学院生に、脱絶滅をテーマにした講義を行なった。最初の課題として、各自よみがえらせたい絶滅種を選び、その種を脱絶滅させる支持者になるよう求めた。彼らがどんな種を候補に選ぶかだけでなく、選んだ理由についても、わたしは好奇心をそそられた。仮にも生態学を専攻する学生なのだから、脱絶滅が成功したあかつきに各候補がその後の環境にどんな影響をおよぼすかを重視するものと期待したのだ。ところが、そうではなかった。

学生たちが選んだのは、ヨウスコウカワイルカ、ドードー、恐鳥《モア》、タスマニアンタイガー、カスケードマウンテンオオカミ、ステラーカイギュウ、ティスミア・アメリカーナ（*Thismia americana*。小さな透明な植物で、めったに言及されることがないため俗称を持たない）といった種だ。脱絶滅を支持する主張には、純粋に研究を志向するもの――その種を研究すればさまざまなことがわかるはず――や、より実利的な見地に立ったもの――その種が環境保護志向《エコツーリズム》の観光にあらたな機会をもたらすだろう――などがあった。また、ほとんどの学生が技術的な問題を論じた――たとえば、保存状態のよいドードーの遺体化石やタスマニアンタイガーの代理母を見つけるのはむずかしいだろう、などなど。なかには、適した生息地を見つけるのは困難であり、ひとたび野生環境に放たれたら既存の法律ではその種を守るのはむずかしいことを認識している学生もいた。だが、非絶滅種を既存の生物共同体に導入する影響について論じた学生はほとんどおらず、それがわたしには驚きだった。

講義が進むにつれて、学生が脱絶滅の候補種を選ぶにあたり、それぞれ異なる動機を抱くことが明らかになった。単純に、わくわくするからという学生もいた。ほかの学生は、生態系や環境に大きな利益をもたらしそうだ、または生命を多様化させる進化の過程をより理解できそうだという理由で選んでいた。ある学生にいたっては、成功への道筋に技術的な障壁がいちばん少ないはずだから選んだらしい。

いずれも、脱絶滅の対象種を選ぶ理由として〝まちがい〟ではない。とはいえ、この小さな集団ですら動機がさまざまであるという事実から、実際に脱絶滅を研究する科学者にとっての最初の難関が浮かびあがる。すなわち、何をよみがえらせるか意見をまとめることだ。まっさきに脱絶滅させる種を、どうやって決めたらいいのだろう。最もやりやすい種を選ぶべきか。最も人々の心を動かす種か。最も多くの関心を引いて、この技術への投資をさらにうながせそうな種か。それとも、脱絶滅させることが科学的に正当だとはっきり言える種に焦点を絞るべきなのか。もしそうなら、科学的に正当とは具体的にどういうことなのか。そして最後に、同じくらい重要な問いとして、決断をくだす〝わたしたち〟とは、だれなのか。

脱絶滅をめざす〝正しい〟理由

前述のとおり、特定の種を脱絶滅の対象として選ぶ（または選ばない）理由は数多くある。なかでも脱絶滅が技術的にできそうか、その種を再導入するのに適した生息地があるのか、といった点は重要な検討材料になる。だが、それらの問いは種をよみがえらせることができるか否かであり、よみがえらせるべきか否かではない。後者は、当然のことながら、答えるのがはるかにむずかしい。たとえば、ヨウスコウカワイルカについて考えてみよう。よみがえったら確かにわくわくするし、試してみる動機としてはそれでじゅうぶんだと考える人たちもいるだろう。脱絶滅させたらとくに利益を受ける人たちが、おそらく、ほかの候補種よりもヨウスコウカワイルカを強く推すものと思われる。では、それはどういう人たちなのか。なぜよみがえらせるべきかについて、学生たちは、ヨウスコウカワイルカを脱絶滅させる潜在的利益、ひいては受益者をそれぞれ示す確固たる論拠を三つ挙げた。

ヨウスコウカワイルカ――シロヒレイルカとも呼ばれる――の消滅は、なんとも悲しい事例だ。わたしの友人にしてロンドン動物学会で働くサム・ターヴェイは、絶滅の危機に瀕した種を追跡することに人生の大半を捧げており、二〇〇六年に、調査隊を率いてヨウスコウカワイルカが存在する形跡を調べることにした。二カ月かけて揚子江水系を探しまわったが、生きたイルカの姿もその形跡も見つからなかった。沈痛な面持ちで、調査隊はヨウスコウカワイルカが機能的に絶滅したと宣言した。

ヨウスコウカワイルカの脱絶滅を支持する学生の論拠その一は、進化的な特殊性を強調している。淡水に住むイルカは、ほかにわずか二種――東南アジアのガンジスカワイルカと南米のアマゾンカワイルカ――しか知られていない。はじめてカワイルカの特徴を形容したとき、科学者たちはこれら三つの種がきわめてよく似ていることに気づいた。たとえば、三種とも細長い口を持ち、歯の数が多い。また、海洋性の近縁種にくらべて目が小さい。こうした形態学的な類似から、おそらく三種のカワイルカには、同じくカワイルカである単一の共通祖先がいるはずだと結論づけられた。ところが、遺伝子データが手に入ると、そうではないことが判明した。ひとつの進化系統が確認されるのではなく、それぞれの種が別個に海洋から淡水へ移行したことが示されたのだ。生態学的な類似は、共通の遠い祖先と収斂進化――類似した環境の生物が似通った形質を出現させること――の組合せによってもたらされた。というわけで、淡水イルカのいずれの種も科学的な見地からきわめて重要になる。これら三つの種のゲノム、生理機能、行動を比較すれば、種が淡水環境に適応する過程の理解が深まるだろう。以上から、ヨウスコウカワイルカの脱絶滅で恩恵を受ける第一の集団は、科学者だ。

学生たちの論拠その二は、めずらしいものには科学者だけでなくだれもが興味をそそられる、というものだ。ヨウスコウカワイルカがよみがえったら、その姿をじかに見たがる観光客が引き寄せられるだろう。エコツーリズムは観光業界でもとくに成長がいちじるしい分野だ。雇用をもたらすと同時に、地元の自然資源の活用にもつながる。訪れた観光客は写真を撮影し、地元のホテルで眠り、地元の飲食店数軒で食事をとり、さらにはイルカのぬいぐるみを買って帰りさえするかもしれない。再導入した地域に住む人々も、観光客と同様の恩恵を受ける。また、人によっては、もどってきた在来種が陥っていた窮状について少しばかり思いを馳せさえするだろう。

学生たちの論拠その三は、脱絶滅させれば環境に好ましい影響があるから、ヨウスコウカワイルカをよみがえらせるべきだ、と主張する。現在、揚子江は汚染されすぎてイルカが生息できない。ヨウスコウカワイルカをよみがえらせるには川の生態系をもっと清浄かつ健全に保つことが求められ、幅広い生態学的な恩恵が得られる。

こうした複数の論拠は、ほかの種にもあてはまる。たとえば、学生たちがやはり脱絶滅の候補にふさわしいと考えた動物に、ニュージーランドのモアがある。ヨウスコウカワイルカと同じく、モアをよみがえらせる理由には、科学的な側面――生きた近縁種がなく、これをよみがえらせないかぎりその生態や行動を理解することができない――とともに、経済的な側面――生きたモアがいれば、エコツーリズムの目的地としてすでに人気が高いニュージーランドに観光客を呼ぶ理由がもうひとつ加わる――が考えられる。復活したモアはまた、失われていたほかの種との相互作用を再確立させて、ニュージーランド固有の生態系に恩恵をもたらすだろう。

モアは巨大な鳥で、飛翔しない（図1）。なかには、首を伸ばすと高さ三メートルあまり、体重二〇〇キロあまりに達する種もいる。飛ばないせいで、ニュージーランド最初の住人――マオリ人

図1　サー・リチャード・オーウェンと、彼が復元した巨大モア（*Dinornis novazealandiae*）。オーウェンが右手に持っているのは、最初に調べたモアの骨だ。この写真の初出は、オーウェンの著書、*Memoirs on the Extinct Wingless Birds of New Zealand*, vol. 2（London: John van Voorst, 1879）。テキサス大学オースティン校図書館の好意により転載。

――の格好の標的となり、食糧のために狩られ、骨から宝飾類や魚釣り用具が作られ、皮革や羽が衣服に利用された。モアはニュージーランド島でマオリ人と三〇〇年あまり共存したのちに、狩りや生息地の喪失によって絶滅した。

ニュージーランドでは、モアは国家の誇りの象徴だ。一八九〇年代のごく短い期間、この国は公式に〝モアの島〟という別名で呼ばれていた（ジョージ・リーチが書いた同名の戯曲も影響していたようだ）。ニュージーランド人はモアの工芸品、モアの詩、さらにはモアのビールすら作ってきたし、国民の多くがモアの復活を強く支持している。また、環境保全の歴史を持ち、固有の種や生息環境の保護に深くかかわっているので、よみがえったモアに安全な居住地を提供できそうだ。とはいえ、脱絶滅には障壁がいくつもある。おそらく絶滅から戻されたモアは、かつてニュージーランドに生息していたのと一〇〇パーセント同一ではなく、非固有の鳥との遺伝子的な交配種になるだろう。この雑種の鳥が国民の多くの環境理念にすんなり収まるかどうかはわからない。

学生のあいだで三番めに人気が高かった種は、ドードーだ（図2）。ドードーは巨大な飛べないハトで、アフリカ南東沖一九〇〇キロあまりのインド洋に浮かぶ火山島、モーリシャスに固有の動物だった。一五〇七年、ポルトガルの船乗りがサイクロンにより航路をはずれ、当時は無人だったモーリシャスに上陸した。ポルトガル人はこの島にとくに関心を抱かず、永続的な植民地を築かなかった。およそ九〇年後にオランダ人船乗りがやって来たが、やはり定住しなかった。ただし、人間を恐れる気配がない大型の飛べない鳥に関して史上はじめて記録を残した。一六三八年、二五人のオランダ人船乗りがモーリシャスを再訪し、人間の永続的な居住地を最初に設けた。二五年後、ドードーは絶滅した。人間とドードーの相互作用の記述から、ドードーの絶滅が人間のせいであることは明らかだ。

ヨウスコウカワイルカやモアの場合と同じく、科学的、生態学的、経済的な関心がドードーをよみがえらせる理由として挙げられる。近縁種のハトは小柄で飛ぶのが得意だが、ドードーは巨大で飛べない。そのゲノムを研究すれば、飛翔力の喪失や巨大化といった形質がいかに進化したのか、理解が深まるだろう。ドードーの再導入には適した生息環境を作り出すことが必要で、ひいては侵略的外来種を取りのぞいてあらたな保護地域を確立することになり、結果的に地元の人間と固有の生態系のいずれもが恩恵を受ける。また、人間が引き起こした絶滅の国際的象徴にどんな種よりもふさわしいことから、ドードーの脱絶滅は特別な事例になる。心理的な影響の大きさで候補種を順位づけするなら、ドードーはリストのかなり上位にくるはずだ。

図2　ドードー（*Raphus cucullatus*）。アドリアン・ファン・デ・フェネによる挿画。1626年ごろ。

脱絶滅の決断をくだすさいの簡単な手引き

前述の三つの事例から、脱絶滅の対象を選ぶさいの一般原則が浮かびあがってくる。たいていの人間は脱絶滅という考えに多かれ少なかれ懸念を抱く。それでも、候補としてふさわしい種を挙げるよう強制されると、ほぼ全員が人間の手によって絶滅した種を選ぶ。ヨウスコウカワイルカはわたしたちがその生息環境を破壊したせいで絶滅した。モアはわたしたちがとことん狩りつくしたせいで絶滅した。ドードーはわたしたちがモーリシャスにネコやネズミやブタを持ちこみ、そのネコやネズミやブタが見つけやすい餌であるドードーの卵を食べつくしたせいで絶滅した。仮に人間がいなかったら、いずれの種もたぶんまだ生きていただろう。

いかに絶滅したかだけではなく、ほかの特徴も脱絶滅候補としての人気を多かれ少なかれ左右する。当然ながら、たいていの人は肉食動物よりも草食動物を復活させたがる。また、さほど明白ではないにせよ、小柄な種よりも大柄な種を対象に選ぶ傾向がある。思うに、大きいほうが見栄えがするからだろう。そして、たいていの人は植物や菌類などではなく、動物をよみがえらせようとする。

ある絶滅種を復活させるか否かについては、感情よりも知識にもとづいて決断をくだすことがきわめて重要だ。種が異なれば、求められる技術革新、人の手による操作の量、適した生息環境が異なってくる。種によっては、ほかの種よりも簡単に進められるだろう。また、ゲノムの配列決定など脱絶滅の初期ステップは比較的すんなり通過しながら、その後のステップでは、たとえば適した生息環境を見つけるなど、現時点では越えられそうにない障壁にぶち当たる種もある。脱絶滅の候補にふさわしいかどうか検討するさい、ともすれば、絶滅を脱した動物の誕生までのステップに焦点を絞り、飼育したのちに野生環境へ再導入する後半のステップをないがしろにしがちだ。だが、受精卵から自由生活の個体群へと移行するまでの全過程を入念に吟味せずに最初のステップを推し進めるのは、無分別であり、個人的には不当でさえあると思う。野生の個体群を再形成しないのなら、そもそも、その種を死の世界から戻す意味がないではないか。

脱絶滅させる種の選択過程を簡素化するために、答えを探るべき七つの問いを提案する。それらは大まかにふたつに分けられる。ひとつは、対象の種を生態系の文脈に据えるものだ。生存時にほかの種といかに交流し、いかに影響をおよぼしていたのか、今日ではそれがどう異なってくるのか。もうひとつは、科学の現状にかかわるものだ。対象の種——あるいは、少なくとも対象の種を特徴づける形質の一部——を脱絶滅させることは、現在および未来の技術に照らして実際的なのか。本書ではさしあたり、脱絶滅の技術的な側面を中心に論じ、この過程を通じてまちがいなく浮かびあがってくる倫理的な問いは棚あげする。もとより、これらの問いは網羅的ではないし、すべての問いがあらゆる種に適用できるわけでもない。とはいえ、これらの問いは、脱絶滅の意味をじっくり考えるための、そして場合によっては、潜在的な大惨事を回避するための有益な手段となるだろう。

復活させる切実な理由はあるか

たぶん――そして、願わくば――脱絶滅を考えるさいに大半の人の頭にのぼる問いは、〝なぜ〟だろう。なぜ、この種なのか。なぜ、いまなのか。なぜ、この場所なのか。前述のとおり、たいていの人は、人間がなんらかの役割を果たしたせいで絶滅したことが合理的な疑いの余地なく明らかな種を推奨する。生態学的な素養を持つ人は、これらの種がよみがえったなら、罪悪感をいくばくかやわらげられるだろう。だが、罪悪感の軽減は何かを復活させる切実な理由にならない。わたしも、ショートフェイスベアを狩っていたとおぼしきアメリカ先住民を祖先に持ち、ネアンデルタール人の絶滅に多かれ少なかれ関与したらしいヨーロッパ人も祖先に持つので、それなりの罪悪感は抱いている。だからといって、ショートフェイスベアやネアンデルタール人をよみがえらせたいとは思わない。それどころか、いずれの場合も、罪悪感を緩和する目的で脱絶滅させるのはいちじるしく利己的だと感じる。いずれの種も、よみがえったとして、現在の世界でどんな生活を送れるというのだろう(1)。

よみがえらせる切実な理由は、対象の種そのものか、対象の種が現在の環境で果たしそうな役割にかかわってくるだろう。たとえば、ある種がとくに重要な生態的地位《ニッチ》を占めていたなら、それが失われた結果、生態系が混乱して不安定になった可能性が高い。その種を復活させれば、失われていた多種間の相互作用をとり戻せて生態系がふたたび安定し、ひいてはほかの種を絶滅から救えるかもしれない。前述のカンガルーネズミは生態系の安定化に重要な役割を果たす貴重種の典型例となる。もうひとつの例は、カスケードマウンテンオオカミで、これもまた、わたしの講義で学生が脱絶滅の対象として提案していた種だ。重要なのは、いずれの種もごく最近に絶滅し、たぶんまだ生態系がその喪失に適応していないと思われる点だ。

カスケードマウンテンオオカミが生態学的均衡の維持に果たす役割は、過去二〇年間にわたるイエローストーン国立公園での研究から推測できる。オオカミが一九九五年にイエローストーン国立公園へ再導入されたとき、多くの人は大惨事がもたらされるものと確信していた。オオカミは捕食者だから、地元の農場から家畜を略奪し、その家畜を生活のよりどころとする農場主を失意に陥れそうだ、と。これはもっともな懸念だった。オオカミの個体数が増えるにつれて、家畜が盗られる事例数も増えた。とはいえ、オオカミは地域内の野生生物、とりわけヘラジカをおもな食糧源にしている。二〇〇六年の時点で、イエローストーン公園のヘラジカの個体群は、オオカミが公園に再導入された当初の五〇パーセントの規模にまで縮小した。今日ではもう、草地や谷床の若木をヘラジカが食い荒らすことはなくなり、その結果、公園全体にわたって木本植物が復活している。木本植物が増えたのにともなって、小型ほ乳類の生息環境が多様性を増し、ひいてはその個体数も回復しつつある。オオカミが消えたあと大幅に数を増やしていたコヨーテは、オオカミとの生存競争に敗れて数を減らした。コヨーテの減少は、その餌にされる動物たち、たとえばアカギツネ、エダツノレイヨウ、ヒツジにとっては朗報になる。

もちろん、オオカミは捕食者だ。隙あらば家畜を盗るだろう。それでも、オオカミの復活はイエローストーン国立公園の生態系の安定に必要不可欠な役割を果たしている。

カスケードマウンテンオオカミは、ワシントン、オレゴン、ブリティッシュコロンビアの山地に一九四〇年ごろまで生息していたハイイロオオカミの亜種だ。イエローストーン国立公園のオオカミ再導入が望ましい結果をもたらしたことから、カスケードマウンテンオオカミをかつての分布域に戻すことには切実な生態学的な理由があると言えるだろう。

カスケードマウンテンオオカミの事例は、べつの興味深い問題も喚起する。このオオカミはハイイロオオカミの亜種であり、まったくの固有種ではない。この点から、べつの問いが生まれる。脱絶滅の対象として亜種を選ぶのは、はたして適切なのだろうか。

この問いの答えを探る前にまず、種や個体群の概念に照らして、亜種が何を意味するのかはっきりさせる必要がある。生態学でいう〝個体群〟とは、同じ場所に一緒に暮らす同種の個体の集まりだ。各個体はその集団内で交配し、資源をめぐって競いあい、同じ地理的空間を分けあう。かたや〝種〟は、ほかのすべての進化系統とは生殖的に隔てられた進化系統として定義されることが多い。同じ種の個体なら、べつの個体群へ移っても重大な悪影響なく伴侶を見つけて生殖することができる。異なる種に属する個体どうしは、生殖できない。あるいは、たとえ生殖できたとしても、その子は成体になるまで生きられないか、自分の子を作れないかどちらかだ。

この〝生殖的に隔てられた系統としての種〟という概念は、生物学的種の概念と呼ばれ、一九四二年にエルンスト・マイヤーが明確に定義、説明した。だが、この概念にはいくつか欠点があることが判明している。たとえば、わたしたちが別個の種とみなす系統のなかには、厳密には生殖的に隔たっていないものがある。たとえば、ホッキョクグマとヒグマは、一般にふたつの異なる種とみなされている。だが、ホッキョクグマとヒグマが交雑して生まれたクマは成体になるまで生きられ、伴侶を見つけて子孫を作りつづけることもできる。イヌ、オオカミ、コヨーテも異種交配できるし、しばしば行なっている。ウシとバイソンとヤクも異種交配可能で、生殖能力のある子孫をもうけられる。さらには、ネアンデルタール人の骨から採取した古代DNAによって、わたしたちの種がネアンデルタール人と交配できる（そして交配していた）こと、この交雑の結果として、アジアまたはヨーロッパに祖先を持つ現存人類すべてにネアンデルタール人の遺伝子が生き残っていることが判明した。

なぜ、まぎらわしいこの体系に生物学者はしがみつくのだろう。人間として、わたしたちは分類せずにいられない。混乱状態を目にすると、自分たちの脳が理解しやすくなるよう、秩序をもたらしたいと望む。ところが、どうやら進化は絶対的な形では生じないようだ。ある動物がある日まったく新しい種として誕生し、その両親が属する種のだれとも生殖できない、という事態は起きない。それどころか、種の分化は長い過程であり、数多くの遺伝子的、行動的な変化をともなう。個体群が地理的に隔絶したのち、独立した軌道を描いて進化していき、最終的にじゅうぶんな数の変化を重ねて、べつの個体群に属する個体どうしが交配できないところまで進化する。とはいえ、ハイイログマとホッキョクグマ、人類とネアンデルタール人の事例のように、ふたつの系統が完全に生殖的に隔たる前に、常識的に種レベルの相違とみなしうる進化が生じることもある。

生物学の無秩序状態に秩序をもたらすため、十八世紀のスウェーデン人生物学者、カール・フォン・リンネは、あらゆる形態の生命を描写、類別するための分類体系を考案した。この体系は、どの生物体にも、ほかのすべて生物体との関係にもとづいて階層的な区分を付与している。最大の区分は〝界〟、すなわち動物界、植物界、菌界、原生生物界、真正細菌界、古細菌界だ（ただし、後者のふたつはときおりひとつの界にまとめられてモネラ界とされる）。オオカミ、イヌ、クマ、ヘビ、ウサギはどれも動物で、ゆえにすべて動物界に入る。そのうちオオカミ、コヨーテ、クマ、ウサギはほ乳動物（ほ乳綱）になる。さらにオオカミ、コヨーテ、クマは肉食動物（食肉目）に分類される。オオカミとコヨーテはイヌ科にあたり、いずれもイヌ属（*Canis*）だが、オオカミは *Canis lupus*、コヨーテは *Canis latrans* となる。*lupus* と *latrans* はこれら異なる二種を表す公式なラテン名だ。

その下は混沌としてくる。種はときに、亜種に細分される。ところが、これが厄介なのだ。一部の分類学者がほかの個体群からとくに隔たって見える個体群を亜種と呼んでも、べつの分類学者は同じ個体群を亜種と呼べるほど差異がないと結論づけることがある。種とはちがい、亜種が真性かどうか決め手になる基準はない。

こうした話が脱絶滅とどうかかわってくるのか？　じつは大きな影響がある。もし亜種が真性でなかったなら、つまり、絶滅していない種とは少しだけ異なる種だとしたら、はたして、その亜種をよみがえらせるために時間とエネルギーを割くべきだろうか。

亜種はときおり地理学的に定められる。交雑に肉体的、遺伝子的な障壁はないと思われるが、ひとえに地理的に離れすぎているせいで交雑が起こりようがない場合だ。たとえば、イベリアのオオカミがメキシコのオオカミと交配する可能性はなきに等しい。交雑がないことから、ふたつの個体群はそれぞれ遺伝子上の変化を重ねて、互いに外観も行動も異なってきている。とはいえ、いずれもオオカミであることにちがいはない。だとしたら、仮にメキシコかイベリアのオオカミが絶滅したとき、脱絶滅技術を用いてよみがえらせるのは、はたして妥当だろうか。

次のような仮想の筋書きを考えてみよう。それぞれの生態系にとって生態学上きわめて重要なふたつの亜種——中枢種《キーストーン》——があり、そのひとつが絶滅して、生息していた生態系が不安定になっている。ふたつの亜種はごく近い関係にある。それどころか、両者のちがいはただ、異なる場所に住んでいること、小さな生態学的な差異——たとえば、耳の形がわずかに異なるとか——がいくつかあることだけ。生態系をまた安定化させるために、この絶滅した中枢種を再導入する計画がもちあがったとしよう。では、脱絶滅の科学を用いてよみがえらせるのと、近縁種を導入するのと、どちらが好ましいだろう。言い換えるなら、絶滅した系統が現存する系統からどのくらい異なっていれば、脱絶滅を正当化できるのか。

技術的な見地からすれば、カスケードマウンテンオオカミのような亜種の脱絶滅は、別個の種の脱絶滅にくらべてはるかに簡単だ。後述のとおり、絶滅した生物体のゲノム配列を組み立てるのはきわめてむずかしく、古代ＤＮＡの傷ついた断片を並べるさいに足場の役割を果たすガイドゲノムを必要とする。カスケードマウンテンオオカミのゲノムは、ほかのハイイロオオカミのゲノムをガイドにして組み立てることができ、おかげでこの過程が大幅に簡略化される。カスケードマウンテンオオカミの胚はハイイロオオカミの母親に移植できるし、産まれた赤ちゃんオオカミはすでに確立されたハイイロオオカミの群れのなかでハイイロオオカミの家族によって育てられる。だが、ここにひとつの問いが生じる。絶滅を脱したとされるカスケードマウンテンオオカミは、それが誕生する群れ内の亜種とどのくらい異なるのだろう。最初からべつの亜種をカスケード山脈に導入するほうが望ましいのではないか。

このように脱絶滅を正当化できないほど、ある種または亜種が現存種に似ているいっぽうで、現存する進化上の近縁種をまったく持たない絶滅種もいる。脱絶滅に有利であり、同時に不利でもあると言える。有利なのは、現存の近縁種が存在する種の場合よりも、進化的にめずらしい種を復活させるからで、不利なのは、よみがえらせるコストがはるかに高いからだ。

たとえばモアは、現存種のいないモア目のなかで三つの絶滅した科に分かれる。モアに最も近い現存種はシギダチョウで、モアとシギダチョウの共通祖先はおよそ五〇〇〇万年前に生きていた。モアは独自の進化を遂げた長い歴史を持ち、よみがえらせたら数多くのめずらしい形質がこの世に復活するだろう。ところが、近縁種がいないせいで、モアの骨から回収したＤＮＡの断片を組み立てる作業がいちじるしく困難になる。なにしろ、ガイドゲノムは、古代ゲノムから一億年あまり——共通祖先までの進化的な隔たりの二倍——も隔たっているのだ。同じことが、現存する進化上の近縁種を持たない絶滅種のすべてに言える。そのうえ、胚を育てられる適切な代理母か卵を特定する作業もきわめて困難になる。また、復活した種本来の行動はどのようなものか、その種を育てるには親による世話をどのくらい必要とするのか、あるいは、親による世話など重要な社会的交流をどうやって模倣するのか、といったことについて知るすべはほぼない。ある意味、これらの個体は現存のどの種とも異なりすぎて、脱絶滅の成功と呼べるまで生存しつづけられないだろう。

脱絶滅の理想的な候補は、これを可能にできる程度に近縁の現存種を持つと同時に、独自の形質または特定の生息環境への適応力を持つ種になる。たとえばオレンジヒキガエルは、一九八九年にコスタリカの雲霧林で最後に目撃された。じつに風変わりなその明るいオレンジ色の体色について、爬虫類・両生類学者のジェイ・サヴェージが、いたずらか何かではなく本物の色と信じるのはむずかしいとさえ描写している。小柄な――雄の体長がわずか五センチほどの――このオレンジヒキガエルは、脱絶滅の望ましい候補になりそうだ。なにしろ、種が豊富で多様なヒキガエル属であることから、絶滅していない近縁種が数多く存在する。いっぽう、数多い近縁種のなかで、ごく鮮やかなオレンジ色を示す唯一のヒキガエル属になる。もし、このオレンジ色を生むタンパク質に、未発見の医学的用途や精神活性効能があるとしたら？　だれかが舐めてみないと判明しようがない。だからこそ、これをよみがえらせる必要がある。

最後に、脱絶滅の理想的な候補は、ごく最近に絶滅した種になりそうだ。生態系は絶えず流動する。大量の降雨や冬のきびしい寒さといった非生物的変化と、種の絶滅や再導入をはじめとする生物的変化の、いずれの影響も受ける。ある種が絶滅すると、それが生息していた生態系は消滅に適応するべく変化する。絶滅した時点が数千年前、いやわずか数百年前であったとしても、その種を再導入した場合、生態系があらたに作りあげた均衡をかえって乱しかねない。だからといって、容認できる脱絶滅の対象が最近の絶滅種にかぎられるわけではない。当然ながら、大型の草食動物など、古代の生態系で大きな役割を担っていたのにいまだその不在の穴が埋められていない種もある。後述のとおり、脱絶滅のリスク要因と恩恵を注意深く相対評価した結果、それらの種もまた、現行の環境に好ましい影響をおよぼせそうなのでよみがえらせるべきだ、と結論づけられるかもしれない。

そもそも、なぜ絶滅したのか

人々が最も関心を抱くのは、人間の行動により絶滅した種をよみがえらせることだ。そう聞かされると、「なぜその種が絶滅したか」という問いを持ち出すのは、なんだかばかばかしく思える。だが、ちっともばかばかしくなどない。人類は何かを殺すことにかけては、並はずれて創造的なのだ。

わたしたちは蛮力をふるって多くの種を殺してきた。十九世紀には、網と銃で何十億羽ものリョコウバトを殺戮し、最終的に絶滅に追いこんだ（図3）。ヨーロッパ人が北米大陸にやって来たとき、リョコウバトはおそらくアメリカ東部の鳥類総数の二五〜四〇パーセントを占めていた。ある報告によれば、一八六六年に三五億羽以上のリョコウバトからなる単独の群れがオハイオ州の上空を横切り、頭上を通りすぎるまで一四時間以上かかったという。ところが、一九一四年九月一日の午後一時、最後の生き残りだったリョコウバトのマーシャ（図4）が、シンシナティ動物園の飼育下で息絶えた。

乱獲による絶滅は、人類史にありふれたテーマで、人類がいまだ克服しようともがいている性向でもある。ステラーカイギュウ（図5）は大型の――体長九メートル、体重は最大で一〇トンにお

図3　渡りを行なうリョコウバトの群れ。1875年7月3日付の『イラストレイテッド・シューティング・アンド・ドラマティック・ニューズ（*The Illustrated Shooting and Dramatic News*）』の挿絵。コピーライト：サザン大学A＆Mカレッジのジョン・B・ケイド図書館文書資料室。

よぶ——海洋ほ乳動物で、現存する最近縁種はジュゴンになる。かつて北太平洋全域にたくさん生息していたが、十九世紀に発見されたのち狩られて絶滅した。乱獲はまた、オオウミガラスも絶滅に追いやった。人間が脂質、羽、肉、油を採るために狩った結果だ。今日も、わたしたちは有用な種を乱獲しつづけている。二〇一二年、『世界漁業・養殖業白書』は、世界の漁場の三〇パーセントが乱獲され、将来まで持続可能にするためには厳格な管理が求められると報告した。

ところが、わたしたちはただ蛮力だけで殺すわけではない。人口増加の間接的な影響——野生の生息地を都市、町、農地に転換したり、森林を伐採したり、単一作物を栽培したり、各土地

図４　マーシャ、最後に生存が確認されたリョコウバト。アメリカ、オハイオ州のシンシナティ動物園の囲いのなかで。ウィスコンシン歴史協会の厚意により転載、WHI-25764。

を結ぶために大小の道路を建設したり、といったこと——が生息環境を変え、生態系を乱して不安定にした結果、絶滅がもたらされている。鳥類はとくに、生息環境の破壊に影響されやすい。太平洋の島々だけでも、人間の住居と農業のために森林が少しずつ切りひらかれた結果、数千種の鳥類が絶滅した。実のところ、今日絶滅が危惧される鳥類の半数以上は、生息環境の破壊に危惧要因がある。

わたしたちはまた世界を動きまわり、その過程で意図せず、あるいは意図的にさまざまなものを持ちこんでいる。寄生体、捕食者、競争相手の存在しなかった生態系にこれらを導入し、結果的に絶滅をもたらしてきた。島嶼部の鳥類は、導入された捕食者、とくにせっせと卵を見つけては消費するネズミ、ネコ、ヘビなどの影響を受けやすい。ネズミとネコは、ほんの一部を挙げただけでも、ソシエテ諸島のタヒチシギとノドジロルリインコ、マスカリン諸島のドードー、ロドリゲスドードー、レユニオンバト、ロドリゲスムクドリとヒクイナ、仏領ポリネシアのウリエテアオハシインコ、タヒチシギ、マウピティヒタキなど、多くの種を絶滅に追いやった。捕食者だけでなく、あらたに

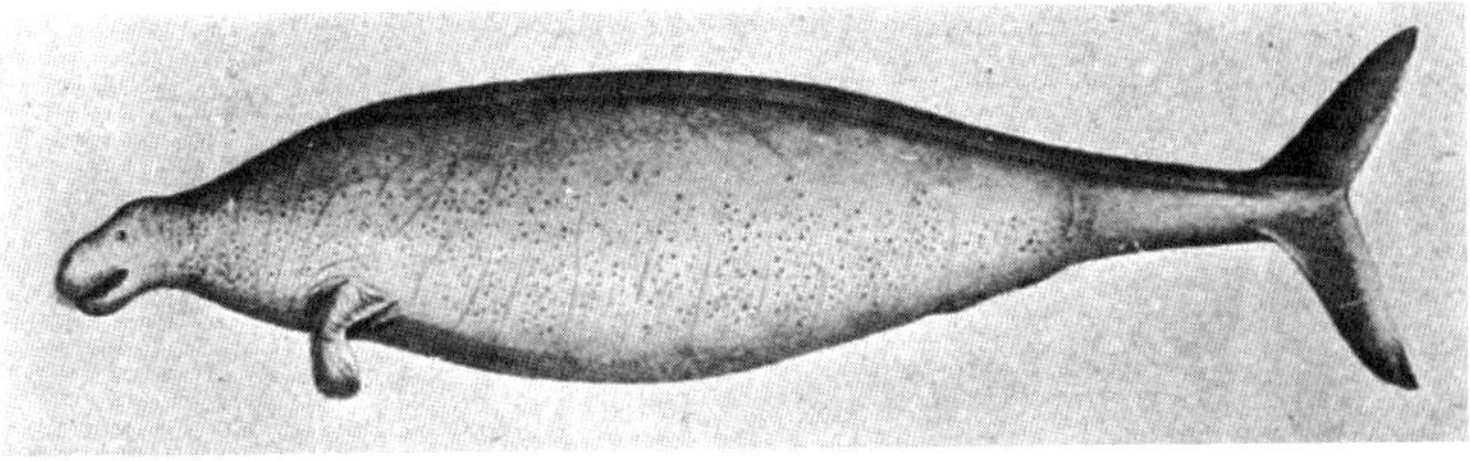

図5　ステラーカイギュウ（*Hydrodamalis gigas*）。1846年、J・F・ブラントによる挿画。E・R・ランケスター著『絶滅動物（*Extinct Animals*）』（London: A. Constable, 1905）に掲載された。

持ちこまれた病気が家畜から野生の種に広がって絶滅に結びつくこともある。

また、わたしたちは農業や工業の副産物で周辺の世界を汚染している。ヨウスコウカワイルカは、生息環境の破壊と汚染が組みあわさって絶滅を引き起こした典型的な例だ。先ごろ絶滅が宣言されたマデイラオオモンシロチョウも、農業用の化学肥料による生息環境の破壊と汚染が合わさって絶滅した。

結果的に人間が絶滅をもたらしたのは明らかでありながら、直接の要因を突きとめることがきわめてむずかしい事例もある。絶滅した原因が完全に解明されていないのなら、脱絶滅にふさわしい候補とは言えない。そもそもなぜ絶滅に追いやられたのかわからないと、またすぐに絶滅しかねないからだ。同様に、絶滅要因がわかっていても、脱絶滅の候補として好ましくない種もある。たとえば、感情面ではドードーの脱絶滅にそそられるが、仮にドードーをよみがえらせてモーリシャスに再導入しても、今日この島で繁栄している大型のネズミやネコの個体群にたちまち卵を食いつくされてしまうはずだ。

復活に成功したとき、生息する場所はあるのか

脱絶滅を検討中の種がそもそもなぜ絶滅したのかを知れば、問題点を正せるだろうか。ドードーの事例では、モーリシャス島にネコとネズミのいない区域を作り、絶滅を脱したドードーをそこに導入する必要がある。生息地として割ける空間がない、あるいは単純にネズミやネコを閉め出すのはむずかしい、という理由でこれが不可能なら、ドードーは脱絶滅の候補として好ましくない。

適した生息環境の喪失は――その原因が森林の伐採であれ、汚染であれ、寄生体や捕食者の導入であれ――人間によって間接的に引き起こされる絶滅の最たる要因だ。ところが、この惑星に住む人間はますます増加し、ひいては占領する空間や、必要とする食糧も増えつづけている。言い換えるなら、自然の生息環境が人間の利用地へ破壊的に転換されるペースがさらに増大しているわけだ。ゆえに、どんな脱絶滅の試みにせよ大きな難関となるのは、絶滅を脱した種にふさわしい生息地を確保することだろう。そうした生息地は（ｉ）絶滅を脱した個体群を養えるだけのしかるべき餌動物か食糧があり、（ii）その種をふたたび絶滅に追いやりそうな捕食者や競争相手（侵入外来種を含む）が排除されると同時に、食物網を不安定にさせないよう生態系内にじゅうぶんな数の肉食動物が残され、（iii）病気、寄生体、汚染が取りのぞかれ、（iv）その種がもともと生息していた環境に気温や降水のパターンが可能なかぎり近く、（ｖ）自給の個体群を支えられるだけの広さがなくてはならない。

興味深いことに、これらすべてを簡単に満たしそうなのは、わたしたちが狩ってじかに絶滅に追いこんだ種かもしれない。なにしろ、生息環境がまだ存在しているはずなのだから。もちろん、これらの種が生き残るには、わたしたちがまたもや狩って死なせないことが重要だ。今日生存する貴重種と同じく、絶滅を脱した種もまた、独創性と危険性を増すいっぽうの密猟者から法規制で守る必要があるだろう。とはいえ、多くの場合、そうした法規制は施行するのがむずかしいのだが。

導入が既存の生態系にどんな影響を与えるか

種の絶滅は、それがかつて生息していた生態系を変えてしまう。時間の経過とともに、生態系はふたたび安定し、絶滅種がかつて占めていた生態的地位《ニッチ》はちがう種に占められるか取りのぞかれる。ある種が消滅して時間が経てば経つほど、生態系はその不在に適応しているはずだ。では、種を再導入したとき、今日そこに生息する種にどんな影響がおよぼされるのか。

リョコウバトが大きな群れをなしていたころ、北米東部の景観は今日とは異なっていた。落葉樹林がもっと広範囲におよび、アメリカグリの木がたくさん生え、人間の数は少なかった。リョコウバトは東部の落葉樹林において支配的、破壊的な勢力だった。もっぱらドングリ、ヒッコリーやブナの実、クリなど大きな種子を食べていた。腹を空かせた数十億羽の群れは、ひとつの森の種子作物すべてをごく短期間に破壊することもあった。営巣時には一本の木に五〇〇もの巣がかけられ、巣立ち後はたいてい、鳥の糞に覆われた枯れ木が残された。これら鳥類版巨大旋風は絶滅を機にぱったり止んで、以降は人類が古い広葉樹林の多くを町や都市や農地に転換していった。では今日、数十億のリョコウバトの群れは何を食べればいいのだろう。脱絶滅したとして、残された広葉樹林におよぼされる影響は？　農業への影響は？　現在そこに生息し、仮にリョコウバトが絶滅を脱したら食糧や営巣地をめぐって競合しそうな鳥類やその他の動物種には、どんな影響があるのか。

種によっては、絶滅を脱しても今日の生態系を不安定にさせる誘因がごくわずかなものもある。とはいえ、再導入の影響は入念に評価されるべきだ。それも、ただ単に、再導入後に対象の種が生き延びられるかという観点からだけでない。もし、ある種の脱絶滅が既存の生息環境の変化につながり、ひいては現存種を脅かすことになるなら、その種は脱絶滅の候補として好ましいとは言えない。

最後に、一見、厚かましいと思われるかもしれないが、その脱絶滅が人類におよぼす影響も考えるべきだろう。たとえば、アメリカ東海岸では、刈りたての芝やワックスをかけたての新車の上空を数十億羽のリョコウバトが黒々と覆う光景に嬉々とする人はごくわずかなはずだ。だが、それよりも深刻な理由から、脱絶滅が支持を失う可能性がある。仮に、絶滅を脱したリョコウバトが絶滅危惧種として保護された場合、ハト狩りを趣味にする人々はあらたな規制に直面する。ハトを狩ってもよい時期や場所が定められるだろうし、場合によっては、絶滅を脱したリョコウバトと一般のハトの区別がむずかしいせいで、そもそもハトを狩る行為が禁じられるかもしれない。そのうえ、数十億羽のリョコウバトを守るにはおそらく相当数の保護区が必要になり、その空間をどこかから捻出しなくてはならない。

これらの問題は、当然ながら、リョコウバトだけのものではない。もし、あらたな保護対象種が登場したら、その（再）絶滅を防ぐ法規によって、かつては利用できた原生地域に余暇で立ち入ることが禁止され、狩猟家、キャンパー、ハイカーなど大勢の人が不快感を抱くだろう。また、カロライナインコのような種の脱絶滅を農家が支持するとは思いにくい。というのも、農業に害をなす鳥であるがゆえに絶滅に追いやられたからだ。もっと言うなら、すでにオオカミの再導入に不満を抱いている牧場主は、家畜の近辺をサーベルタイガーが夕食を探してうろつく状況を受け入れがたいはずだ。

逆に、隣人である人間を不快にさせるという観点からは反対されにくい種もある。たとえばマンモスは、脱絶滅の候補一覧のなかではとくに、軋轢を生じにくい種だろう。マンモスに最適の生息環境は北極地であり、その地域の人口はごくわずかでまばらなため、マンモスが住人の妨げになる可能性は低い。

それどころか、ロシアのチェルスキーにあるロシア科学アカデミー北東科学局局長のセルゲイ・ジーモフ博士は、脱絶滅が成功したあかつきに住む場所が確保されるよう、マンモスの生息環境の再現に注力している。彼の更新世パークはコルィマ川流域の自然保護区内で、シベリア北東部にあるチェルスキーの科学局の南方に位置する。かつてのマンモス・ステップ――更新世氷河時代にマンモスそのほかの草食動物を養っていた豊かなツンドラ草原地帯（図6）――最北端の生息地域だ。ジーモフはすでにウラル山脈のウマと東欧のバイソンに加え、四種類のシカを更新世パークに導入している。健康で自給できる個体群だ。先ごろ、ジーモフはこの試みを広げる決意をし、もっと南

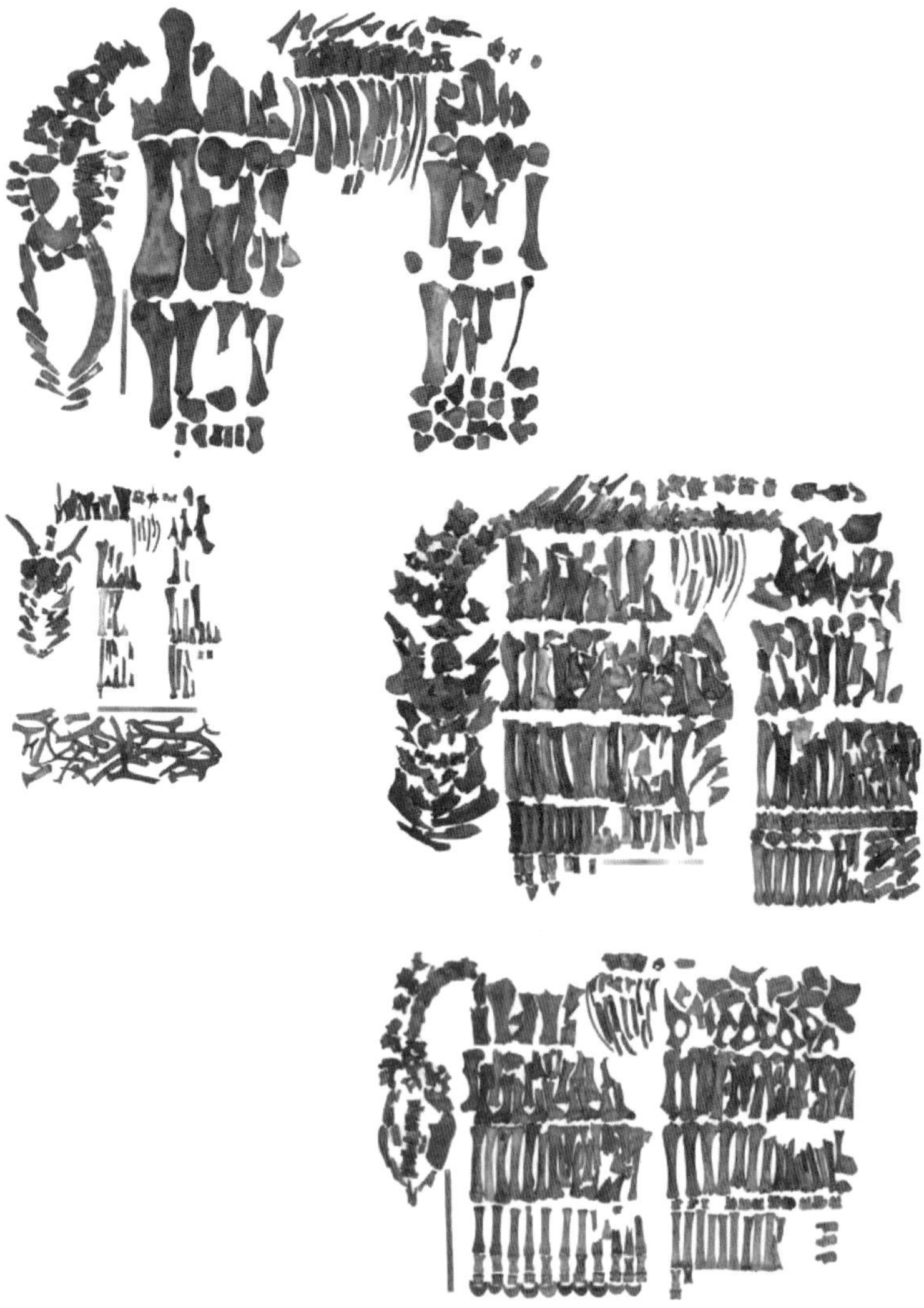

図6　シベリアのコルィマ川の岸で収集されたマンモスの骨（上段）、トナカイの骨（中段左）、バイソンの骨（中段右）、ウマの骨（下段）。ここに掲げたおよそ1000個の骨はすべて、1日のうちに約1ヘクタールの範囲内で収集された。写真提供：セルゲイ・ジーモフ

部の地域、寒さがさほどきびしくなく多数の草食動物を養いやすい場所に第二の更新世パークを建設している。南部更新世パークと彼が呼ぶこの第二のパークは、モスクワの南およそ二五〇キロのトゥーラ地域にある。バイソン、オーロックス、ウマ、オオカミ、大型のネコ科がいずれ導入される計画で、シベリア北東部の更新世パークとはちがって、モスクワから車で簡単に行ける距離だ。いずれのパークもマンモスに適した生息環境となって、一万年あまり前に存在していた生物共同体を再生するだろうし、その共同体は人間を煩わすことも人間に煩わされることもなく存続するだろう。

ゲノム配列を知ることは可能か

この問いをもって、脱絶滅の総括的な展望から細部の検討へと移る。言い換えるなら、脱絶滅が技術的に可能か、あるいは予見しうる将来に可能になりそうかを問う。ただし、次章以降で各論を詳しく述べていくので、ここでは簡単に触れるだけに留める。

脱絶滅の技術的なステップの第一歩は、絶滅種のゲノム配列を突きとめることだ。いや、ゲノム配列だけではない。ほんとうに知りたいのは、絶滅種と現存する近縁種との重要な遺伝子上の相違はなんなのかという点だ。のちに詳述するが、いまはただこう問いかけておこう。「この絶滅種のゲノムに存在するヌクレオチドすべてを解析し、それらのヌクレオチドをつなぎあわせてゲノム配列を知ることができるだろうか」

まずは、語彙の説明から。ゲノムは大きな構造体だが、それを構成する分子は小さい（図7）。ゲノムを構成するのは染色体で、その染色体はヌクレオチド——DNAの基本単位——の長い鎖からなる。各ヌクレオチドには窒素塩基、五炭糖、リン酸が含まれる。DNAのゲノムは四つの異なるヌクレオチドで構成され、それぞれが異なる四つの窒素塩基を持つ。アデニン（A）、グアニン（G）、シトシン（C）、チミン（T）の四つだ。ヌクレオチドは糖リン酸の主鎖に沿ってつながり、デオキシリボ核酸すなわちDNAなどの核酸を形成する。ゲノムのDNAは二本の鎖からなり、安定した状態のときは、一本の鎖のヌクレオチドがもう一本のヌクレオチドと相補的に結合している。相補的に結びついたヌクレオチドどうしは、塩基対と呼ばれる。ゲノムの大きさはふつう塩基対の数で表現され、その数はヌクレオチドの数の半分になる。

ゲノムによって、含む塩基対の数も、その塩基対が割り当てられている染色体の数もいちじるしく異なる。人間のゲノムはおよそ三二億の塩基対で構成され、全部で二三組の染色体にそれらが載っている。テーダマツのゲノムは二二〇億個の塩基対からなるが、染色体はわずか一二組だ。一般的なコイの場合は一七億の塩基対が一〇〇組の染色体に配分されている。植物や動物のゲノムのこうした多様性は、生物体の複雑さとも、ゲノムによりコード化される遺伝子の数とも相関性はない。

染色体は長いので、既存の解析技術では一度にすべての配列を決定できない。そこで科学者は、DNAの解析にあたって染色体を小さな断片に刻むことから始める。この断片は二重らせん状で、塩基の数で長さが表される。用いる解析技術によって、断片の長さは一〇〇塩基対未満から数千塩基対まで幅がある。DNAが切断、解析されたあとは、その断片がまた組み立てられて染色体の形

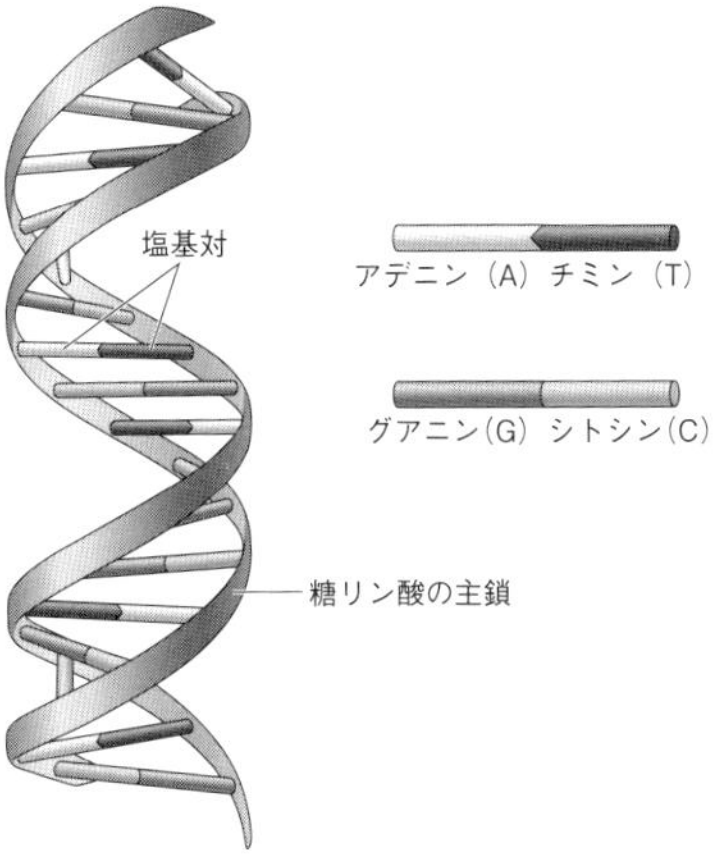

図7　DNAの構造。DNAはヌクレオチド塩基と呼ばれる4つの構成要素からなる――アデニン（A）、グアニン（G）、シトシン（C）、チミン（T）の4つだ。DNAは、曲がりくねった2本の鎖の“二重らせん”構造をとっている。ヌクレオチド塩基が互いに対をなしてはしご状の構造を作り、2本の鎖を結合させているのだ。ヌクレオチド塩基の順番は、DNA配列とも呼ばれ、生物体を作って維持するために必要な情報を含む。

に戻される。要するに、ゲノム解析の過程は〝まず切り刻み、またつなぎあわせる〟だ。

専門用語の謎がいくつか解けたところで、絶滅種のゲノムの解析と組立の各ステップを説明しよう。まず、よみがえらせたい種の遺体化石を収集する――骨、歯、皮膚、毛髪など、なんであれ見つかるものすべてだ。次に、その遺体化石の一部から可能なかぎり多くのDNAを抽出して集める。そしてDNAを解析する。最後に、そのDNAの小さなかけらを入念に組み立てて少しずつ大きなかけらを作っていき、最終的に染色体の形にする。

注意深い読者なら、DNAを小さな断片に切り刻むステップを飛ばしたことにお気づきだろう。古代DNAを扱う場合、このステップは必要ない。DNAはあらかじめ切断されている。というより、切断されすぎていると言うべきか。じつはこの状態は好ましくない。ＤＮＡの断片が短ければ短いほど、それがゲノムのどこに位置するのか突きとめるのがむずかしくなる。

ほかにも問題はある。これらＤＮＡの短い断片はまた、状態がひどく悪い。周辺環境に存在する化学物質やほかの生体分子のせいで、個々のヌクレオチドが破壊、損傷されて分子構造が変化してしまうのだ。構造が変化した分子は解析過程で正しく読めず、結果としてゲノム解析に誤りが生じる。一定の環境下（たとえば、マンモスが住んでいた北極圏）では、ほかの環境下（たとえば、ドードーが住んでいた熱帯地方）よりも、ＤＮＡの崩壊がゆっくりになる。逆に言うなら、遺体化石が保存されやすい地域に生息地がなかった種は、脱絶滅の理想的な候補とは言えないだろう。

さらに、もうひとつ。わたしたちは〝汚染《コンタミネーション》〟と呼ぶものに対処しなくてはならない。汚染とは、最も幅広く定義するなら、ゲノム解析をする骨その他の組織から抽出されていながら対象の生物体のものではないＤＮＡのことだ。場合によっては、対象の骨が地中に埋まったあとでそこにコロニーを作っていた微生物のＤＮＡか、対象の骨が地中にあるときに周囲に根を張っていた植物のＤＮＡかもしれない。あるいは、発掘中または研究室での操作中に骨にくっついたものか。ともあれ、ひとつの骨から抽出した膨大なＤＮＡのうち、わたしたちが関心を寄せるのはほんの一部だけという事態もある。

ドイツのライプツィヒにあるマックス・プランク進化人類学研究所のスバンテ・ペーボ教授は、先ごろ、ネアンデルタール人のゲノムを解析して組み立てた。彼が率いる研究グループは、〝人類とはなんぞや〟を解明することに大きな関心を寄せている。この問いへの取り組みのひとつが、人類のゲノムと近縁種である大型類人猿のゲノムを比較して、わたしたちがこれら大型類人猿と共通の祖先から分岐したのちにゲノム配列にどのような遺伝子的変化が生じたのか突きとめることだ。現存するなかでわたしたちに最も近い親戚はチンパンジーになる。人類とチンパンジーのゲノムは九八〜九九パーセントが同一であり、裏を返せば、わたしたちとチンパンジーの相違を生むのはおそらく残りの二パーセントということになる。ところが、塩基対は三二億もあるのだから二パーセントと言えどもまだ多すぎる。かたやネアンデルタール人は、チンパンジーよりはるかに人類に近い。ネアンデルタール人のゲノムを解析すれば、わたしたちに固有の遺伝子変化の範囲を狭められるはずだ。

ペーボのチームが最初に発表したネアンデルタール人の完全なゲノムは、三つの異なるネアンデルタール人の骨から解析したDNAデータの結合だった。いずれの骨も、含まれていたDNAのうちネアンデルタール人のものは五パーセント足らずで、残りの九五パーセントあまりはもっぱら環境DNA——土中の微生物や病原体、植物などのDNA——だった。これらの骨から回収されたネアンデルタール人のDNA配列は、平均わずか四七塩基対の長さにすぎない。人類のゲノムには三二億の塩基対があるから、その解析作業はいわば六八〇〇万個のピースを正しく組み立ててはじめて解けるパズルのようなものだ。当然ながら、実際には損傷や汚染のせいで、必要とするよりはるかに多くのピースが存在し、うち一部は同じパズルのものだが切断のされかたがちがっていたり、そもそも異なるパズルのピースだったりする。

ネアンデルタール人のゲノムを組み立てる参考として、ペーボのチームは、すでに解析、組立がなされている人類のゲノムをガイドとして用いた。前述のパズルのたとえを持ち出すなら、仮にネアンデルタール人の四七塩基対の断片がピースだとすると、人類のゲノムは箱の上部に描かれた絵に相当する。ただし、その絵は（ネアンデルタール人ではなく人類のものなので）完成時のパズルとまったく同じではない。同じではないが、似ている――たとえば、色が異なるとか、絵の一部に〝ごく小さなパーツが入っています〟という説明が記されているとか。

ネアンデルタール人のゲノムを組み立てるのは、容易な作業ではなかった。とはいえ、ほかの古代ゲノムを組み立てるよりはるかに簡単だったと思われる。第一に、人類のゲノムは現時点では最も解析が進んでいるゲノムで、パズルの箱の絵はほぼ完成まぢかだ。たしかに、解析対象となるゲノムの種類も数も増えつつあるが、大半の種はまだ部分的にしかゲノムの解析、組立がなされていない。第二に、人類とネアンデルタール人は過去一〇〇万年以内、おそらく五〇万年前にかなり近い時点まで共通の祖先を持っていた。つまり、人間とネアンデルタール人のあいだに膨大な相違が生じる進化の時間はなかったことになる。箱の上部に描かれた絵は、パズルの最終形にごく近いはずだ。

たいていの種は、そうはいかない。絶滅種が参照元の現存種と分岐したあと進化する時間が長くなれば長くなるほど、ゲノムの組立は困難になる。箱の上部の絵も、完成品がわずかに変色したくらいだったのが、時間が経過するにつれて、たとえばイヌがぼろぼろに嚙んだ絵を想像力と粘着テープでつなぎあわせたものになり、さらには、ドウクツライオンの群れから逃げるマンモスの一群に踏みつぶされたような状態になる——それも、降りしきる雨のなかで。

もし、回収可能なＤＮＡを含む遺体化石が存在しないなら、その種は脱絶滅の候補にはならない。たとえ回収可能なＤＮＡを含む遺体化石があったとしても、近縁種がひとつも存在しないなら、そのＤＮＡからゲノムを組み立てるのはむずかしい——いや、きわめてむずかしい。いっぽうで、重要な点として、たとえＤＮＡの保存状態がひどい場合でも、ゲノムのかなりの部分を組み立てることは不可能ではない。

ゲノム配列を命ある有機体に変える方法は存在するか

もし、命ある有機体をいかに生み出すか考える段階までたどり着いたなら、わたしたちは数々の困難にもめげず、ゲノム配列（あるいは、ゲノム配列の一部）を作り出せたことになる。次は、その文字列を生き物に変えなくてはならない。でも、どうやって？

ゲノムから生物にいたる過程に、すべての有機体がたどれる明確な道筋はない。一部のゲノム、たとえば細菌やウイルスから解析したものは、ごく小さなひと押しで生命体のような行動をしはじめるだろう。かたや、とうてい生命体になりそうにないゲノムもある。

脱絶滅を企図するにあたって、一般にふたつの道筋が検討されている。ひとつは、たいていの人がクローンの作製に言及するときに挙げる道筋だ。一九九六年、クローン技術でヒツジのドリーを作るために、スコットランドのエディンバラ大学附属ロスリン研究所の科学者たちは、雌のヒツジの成体から生きた細胞を含む乳房の小さな組織を採取し、その細胞のＤＮＡを用いて元の雌ヒツジとまったく同じ複製を作り出した。体細胞核移植、あるいは略して核移植と呼ばれる過程だ。仕組みについてはのちに説明するが、いまはただ、この過程を用いて絶滅種をよみがえらせる事例はそう多くはないだろう、とだけ言っておく。残念ながら、核移植でクローンを作るには無傷の細胞を要する。したがって、絶滅前に生きた個体から細胞を採取しておかないかぎり、核移植はうまくいかないだろう。ゲノムを解析して組み立てる必要がある種については、べつの手法が求められる。

命ある有機体を作るべつの道筋は、不気味なまでに映画『ジュラシック・パーク』を思い起こさせる。『ジュラシック・パーク』の科学者たちは（現実世界の脱絶滅プロジェクトでもおそらくそうなるだろうが）恐竜のゲノムの一部しか回収できなかった――映画の場合は、琥珀に保存されていた蚊の血液からだ。恐竜のゲノムの空白部を、彼らはカエルのＤＮＡで埋めて配列を完成させた。だが不幸にも、どのＤＮＡの断片が恐竜の見かけと行動をもたらすのか、どの断片ががらくたなのか、事前に知らずにいた。この架空の科学者たちはたぶん、穴埋めした部分が恐竜のゲノムのうちほぼがらくたで占められる領域であるよう祈っていたはずだ。だが、もちろん、そうはいかず、どういうわけかカエルのＤＮＡが脱絶滅した恐竜の性を転換させ、大惨事と四億ドルの興行収入をもたらした。

現実世界の脱絶滅では、まず、ゲノムのどの領域が絶滅種の見かけと行動をもたらす重要部分なのかを突きとめる。それから、現存する近縁種のゲノムにおいてこの重要部分に対応する配列を見つけ、それを取りのぞいて絶滅種のものに置き換える。

だが、言うはやすく行なうはかたし。

仮に、ゾウのゲノムを編集してマンモスのゲノムに似せる手法でマンモスをよみがえらせるとしよう。まず、わたしたちはゾウのゲノムとマンモスのゲノムの相違点をすべて知る必要がある。次に、(少なくとも脱絶滅の第一世代では)相違点のすべてを変えるのはむずかしすぎるので、どの相違点が重要なのか突きとめ、起こす変化の数を絞る。たとえば、マンモスはUCP1――褐色脂肪組織の脱共役タンパク質1――と呼ばれる遺伝子がゾウとはちがうことが判明したとしよう。マウスの実験で、UCP1は体温調節に関与することがわかっている。マンモスは寒さのきびしい地域に住むがゾウはちがうことから、この遺伝子のマンモス版がマンモスの体温を保つ役割を果たす、という仮説が立てられる。わたしたちの目標は寒冷地で生存できるようにゾウを変化させることなので、この遺伝子をゾウ版からマンモス版に変えれば目標の達成に近づく。そこで、ゾウの細胞に挿入できる分子ツールを開発し、ゲノムのうちUCP1遺伝子をコードする場所を突きとめたうえで、その遺伝子をマンモス版と同じになるよう編集する。

マンモスの完全なゲノムを作製したいなら、マンモスとゾウの相違点について、片端からこの作業を繰り返せばよい。

次に、編集したゲノムを、核を取りのぞいた卵子細胞に挿入する。その細胞は分裂を開始して胚になり、核移植によるクローン作製におなじみの道をたどる。そして胚が代理母の子宮に移植され、成長を続けて、最終的に誕生にいたる。

前述の最後の段階、つまり、ある種がべつの種の子宮内で成長する段階は、ごく単純な過程に聞こえる。ところが、じつは入念な検討が求められる。たとえばステラーカイギュウを復活させるプロジェクトを想像してみよう。ジュゴンはステラーカイギュウの最近縁種であり、したがって代理母の最有力候補だが、妊娠期間は一三～一四カ月で、生まれる子は一頭だけだ。ジュゴンの新生児は体重およそ三〇キロ、体長一メートルあまり――成獣の三分の一から二分の一に相当する。仮に、ステラーカイギュウにも同じ比率があてはまるなら、新生児の体長は三～六メートルの範囲になる。誕生の時点からもう、代理母の体長を超えてしまう。

この問題を克服するために、ステラーカイギュウの巨大な人工子宮を設計することになるだろう。あるいは、もっと現実的な解決策として、より復活に適した種が脱絶滅の対象として選ばれるはずだ。

誕生した生命体を飼育下から自然の生息地に移すことは可能か

最初の四つの問いへの答えでこの問いにもほとんど答えが出ているが、ここで、脱絶滅の対象種を選ぶさいに考慮すべき事項をいくつかつけ加えたい。これまでの議論で、適切な生息環境は存在するか否か、そして絶滅を脱した種がいきなり再導入された場合、生息環境および生態系にどんなことが生じそうかを論じてきた。ここでは、再導入のもっと技術的な側面について考えてみよう。種の行動はどのくらい遺伝子で定められているのか。子育てにはどのくらい両親の世話を必要とするのか。種の行動は学習によって身につくのか、それとも、生まれた時点ですでに生き延びかた、食料の探しかた、伴侶の見つけかたを知っているのか。どのくらい社会性があるのか。これらは、現存の近縁種がいない種をよみがえらせる場合の追加課題としてすでに手短に述べたが、じつは、どんな脱絶滅においても多かれ少なかれ問題になってくる。どんな種であれ、最初によみがえった個体は、この世で唯一の存在だ。もし行動が学習によって身につくのなら、その個体はだれから学べばいいのか。ひょっとしたら、代理母または代理群集との交流が、失われた社会的な交流を穴埋めできるかもしれない。とはいえ、そうした交流を通じて行動が学習されるのなら、その行動ははたして絶滅種と同じ行動になるだろうか。また、その行動は重要なものなのだろうか。

現在実施されている種の保全活動から、飼育下ではうまく生存、繁栄できそうに見えても、ひとたび野生環境に放たれたら生き残れない種もあることが判明している。野生環境で生きられない理由はさまざまだ。たとえば、飼育下で繁殖して育てられた動物は、捕食者を察知して逃げる訓練を受けておらず、野生に放たれると格好の餌食になってしまう。また、野生環境には繁栄に必要な社会構造がない場合もあるし、自分で食べ物を見つけるすべを身につけられない種もいる。こうした場合、野生環境で生き残れる唯一の道は、その環境がじつは野生ではなく、人間が積極的に管理しているときだ。そうした実地管理の経済コストはおそらく小さくはないし、ほかの保全プログラムや野生生物管理プログラムから資源を奪うことになるので、対象種を脱絶滅させる利益と比較考量しなくてはならない。

最有力候補のマンモス

本章の冒頭で、まっさきに脱絶滅させる種を決定するのはだれなのか、という問いを呈した。脱絶滅の講義中、だれにその特権が与えられるべきかとわたしが尋ねたとき、学生たちの反応は完全な沈黙だったが、最終的に、カリフォルニアの学生にふさわしい唯一の解決策にたどり着いた。すなわち、集団による意思決定で選ぶべきだ、と。だが、それはどんな集団なのか。また、集団であっても統率者がいるはずで、その人物が結局は集団内の答えを決めることになりそうだ。

実のところ、脱絶滅研究の初期段階にある現在は、実現させる利害、資金、専門知識を持つ人々が、どの種をよみがえらせるかを決定している。ブカルドの復活を研究するヨーロッパのチームがタスマニアンタイガーに関心を移す可能性は、カモノハシガエルに取り組むオーストラリアのチームがヨウスコウカワイルカの脱絶滅を主導する可能性と同じくらい低い。残念ながら、おそらく資金力が、脱絶滅プロジェクトの原動力を左右する重要な要素になるだろう。二〇〇三年にブカルドの新生児が死んだあと、プロジェクトは資金不足で行き詰まった。そして二〇一三年、ワシントンD・Cで催されたTEDxイベント後にふたたび関心が集まった結果、アラゴン狩猟連盟があらたに資金拠出し、このチームはクローン作製の研究を再開できることとなった。また、これまで議論したどんな観点よりも、やはり資金力が、脱絶滅の対象種を決定するはずだ。脱絶滅の研究資金をより広範に募る活動において、〈リヴァイヴ&リストア〉のライアン・フェランとスチュアート・

ブランドは、マサチューセッツ州のケープコッド沿海に浮かぶ豊かな先住民の島、マーサズ・ヴィニヤード島を寄付金集めのターゲットに定めたうえで、二十世紀初頭のようにヒースライチョウが島を歩きまわる姿を目にしたくはないかと島民に尋ねている。

さて、いよいよマンモスの話をしよう。生態学上、マンモスをよみがえらせる切実な理由はいくつか考えられ、これらについてはのちに論じる。また、ほかの種よりも脱絶滅の技術的な障害が少なそうなのも事実だ。寒冷地に住んでいたおかげで、保存状態のよい骨を数多く集めてDNAの分析に利用できる。現存する最近縁種はアジアゾウで、およそ五〇〇万～八〇〇万年前に枝分かれしたことから、赤ちゃんマンモスにとって無理のない代理母はゾウになるだろう。さらに、復活したマンモスの行き場所も存在する。マンモスの最盛期に地表を覆っていた冷涼ステップは今日の地球上ではどこにも見つからないが、更新世パークがマンモスにふさわしい住環境を提供してくれるだろう。だからといって、マンモスの脱絶滅に課題がないわけではない。ゾウは生後一〇歳から一八歳にかけて性的成熟期に達し、妊娠期間が二年近く続く。つまり、遺伝子編集実験に途方もなく長い時間がかかることを意味する。しかも、ゾウはきわめて社会的な生き物なので、マンモスが同じくきわめて社会的だった可能性は否定できない。マンモスを送りこめる社会関係を再現することが、彼らが生き延びてほかの課題を克服する鍵となるだろう。

マンモスの脱絶滅プロジェクトが推し進められている要因は、実現が容易か否かでも、更新世パークをマンモスが歩きまわることが生態学的に有益だからでもない（とはいえ、後述のとおり、後者はまずまちがいなく真実で、この研究が進むにつれて脱絶滅の大きな推進力となりはじめた）。ジョー

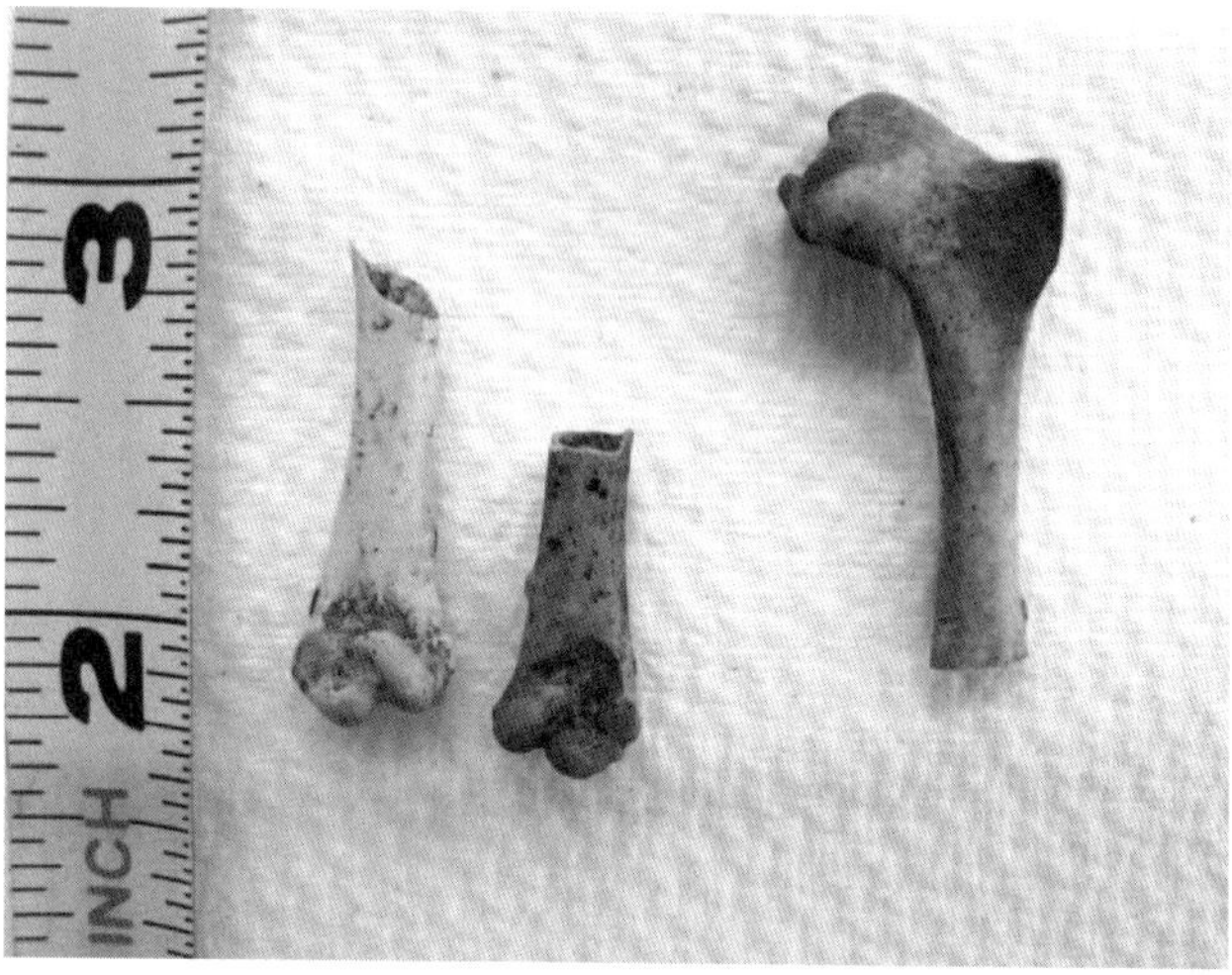

図8　リョコウバト3羽の脚の骨。そのゲノムが、カリフォルニア大学サンタクルーズ校にて、リョコウバトの脱絶滅プロジェクトの一環として解読された。これらの骨は、グレッグ・ソールワイド博士がアメリカ、ニューヨーク州オノンダガの遺跡から発掘した遺体化石の一部で、1960年代のもの。写真提供：アンドレ・エリアス・ロドリゲス・ソアレス

ジ・チャーチらハーヴァード大学ウィース研究所のグループが、脱絶滅に必要な遺伝子工学技術を開発する最重点種にカンガルーネズミではなくマンモスを選んだ理由は、マンモスはマンモスだが、カンガルーネズミはとどのつまりネズミだからだ。

スチュアート・ブランドがリョコウバトをよみがえらせたいと願う理由は、文化的な意味でハクトウワシと同じ象徴性を持つからだという。復活させたリョコウバトの最大の価値は、人々の環境意識を高めて種の保全に関与させること。彼の詩的な表現を借りるなら、「記憶のなかの群れ、未来図のなかの群れは、心を歌わせる」のだ。もちろん、リョコウバトが象徴になるのは、ばかでかい群れをなすからで、その群

れを形成、維持、または許容するのはなかなかむずかしいだろう。

巨大な群れを形成、持続させる課題のほかに、脱絶滅にさいして、リョコウバトはマンモスにくらべ数多くの（あるいは、異なる）技術上の問題に直面する。リョコウバトの脱絶滅にとって大きな障害となるのは、現時点では、作製した核を鳥の卵に移植できないことだ。また、リョコウバトにしろ、現存の最近縁種にしろ、まだゲノム配列がひとつも組み立てられていない。ただし、この領域についてはいま取り組んでいるところだ（図8）。さらに、リョコウバトがどのくらい社会的な生き物なのかも判明していない。群れの巨大さからすると、きわめて社会的だったことがうかがえるが、その大きな群れが生存に必要不可欠かどうかはわからない。野生動物保護協会の一環であるブロンクス動物園は、飼育下繁殖するリョコウバトのために生息環境を整えているが、いずれ野生環境に放てるときが来るのかどうかも、やはり大きな謎だ。いっぽう、リョコウバトを脱絶滅の対象に選ぶ利点のひとつとして、一世代の短さがある。彼らは毎年生殖するので、復活に必要な研究が比較的速いペースで進められそうだ。

マンモスにしろ、リョコウバトにしろ、脱絶滅プロジェクトが成功するにはあらたな技術が求められる。どちらかの種の復活を目にする日は、どのくらい近いのだろう。仮に、これらふたつの種が脱絶滅の対象として選ばれたなら、次のステップはなんなのか。まっさきにやるべきことは、だれでもわかる。まずは、しかるべき標本を見つけてそのＤＮＡを抽出するのだ。

第3章 保存状態のよい標本を見つける

数年前のある冬の朝、わたしはマサイアス・スティラーとタラ・フルトン――わたしの研究室で働く博士研究員《ポスドク》のふたり――と、大学キャンパスの物理学棟にある薄暗い地下二階の通路で落ちあった。ここはわたしたち古代ＤＮＡ研究室の活動拠点で、保存状態がよくない標本からＤＮＡを抽出するためにとくに設けられた施設だ。不吉にちらつく人工照明のもと、わたしたちはコートと靴を脱ぎ、ずらり並んだロッカーに鞄とともに収めた。外の世界からヒッチハイクしてきたＤＮＡのかけらを載せていそうなものは、なんであれ研究室への持ちこみが厳禁されている。わたしは扉を解錠して開き、準備室に移動した。床や実験台や壁の殺菌に用いる漂白剤が空気につんとした臭いを放っている。ここで、わたしたち三人は古代ＤＮＡ科学者の一般的な装備をまとった。フルボディスーツ、滅菌ブーツ、二層の滅菌グローブ、ヘアネット、顔面を覆うマスク、ゴーグルだ。用意が整ったら、つまり肌も髪の毛も滅菌されていない衣服もいっさい露出していない状態になったら、ようやく準備室から研究室の主要部に移れる。もくもくと煙を出すドライアイスの容器を、タラが抱えている。マサイアスのほうは、巨大な槌だ（もちろん、殺菌されている）。そしてわたしは、小さなビニールバッグを携えている。

ビニールバッグの中身は、一七〇〇万年前のみごとな琥珀のかけらだ。同僚のブレア・ヘッジスから託された貴重な品で、まさにわたしたちがこれから遂行する目的のために購入された。重さ約八グラム、縦横五センチかける三センチ、中央部の厚みは一〜二センチ。その琥珀のなかに、数百万年前にねばつく樹脂に絡め捕られた小さなハチが何百匹と収められ、少なくともわたしたちの目には、完璧に保存されている。

わたしたちは研究室の奥へ進み、滅菌された分厚い石板の前に立った。上から、まばゆい白色光源と可動式拡大鏡がつるされている。琥珀を袋から取り出し、長年のあいだにこれに触れた人間すべてのＤＮＡが破壊されるよう漂白液でぬぐう。それからエタノールで二回すすいで漂白液を洗い流し、数分かけて乾かす。その間《かん》、わたしたちは黙々と待った。

じゅうぶんな時間が過ぎたと判断すると、マサイアスが琥珀を滅菌鉗子でつまんで、ドライアイスの容器にそっと入れた。そして、三人でふたたび待った。

琥珀は化石化した樹脂だが、かなり可鍛性がある——琥珀の宝飾品に触れたことがあれば、だれでも意味はおわかりだろう。尖ったもので突き刺せばくぼみができるだろうが、壊したり砕いたりするのはほぼ不可能だ。わたしたちはこの琥珀をうんと冷やして堅くし、可鍛性を失わせたい。そう、割れやすくするのだ。

待ち遠しい一〇分間が経過したあと、マサイアスがドライアイスの容器から鉗子で琥珀を取り出し、石の上に注意深く据える。わたしが槌を振りあげ、ぼんやりと光る地質学的史料のかけらを繰り返し執拗にうち砕き、無数のきらめく粘っこい粒に変える。それから拡大鏡を使って、三人で琥珀からハチを選りわける(図9)。この作業には、幾たびもの再冷凍、再強打、ピンセットの巧みな操作を要する。数時間後、ほぼ琥珀だけの試験管と、ほぼハチだけの試験管が得られる。わたしたちはほぼハチの試験管を冷凍庫に入れる。これで本日の作業は終了だ。

翌朝、マサイアスが琥珀に保存されていたハチから古代DNAを抽出する作業を開始した。古代DNA分野で研究する人々が、長い歳月をかけて、こうした状況に用いるきわめて慎重なDNA抽出プロトコルを作りあげている。たとえハチのなかでDNAが生き残っていたとしても、当然ながら、その数は多くない。マサイアスが選んだプロトコルは、ごく古いDNAの回収に最も成功を収めてきたものだ。このように、わたしたちは最善の結果が得られるよう尽力している。

抽出作業が完了したら、いよいよ成果物を解析に送る番だ。そして、ひたすら待つ。三週間後、解析結果が戻ってくる。なんと収穫はゼロだ。

わたしはがっかりする。琥珀に保存されていた昆虫からDNAを回収することの、いかに途方もないことか。この途方もないというのは、〝ありそうもない〟という意味だ。無理難題。度が外れている。たぶん、マサイアスはほっとしていたと思う。ふたりとも、もし数百万年前のDNAの保存を示唆する結果が得られたら、その結果に人生が乗っ取られてしまっただろう。なにしろ相当な

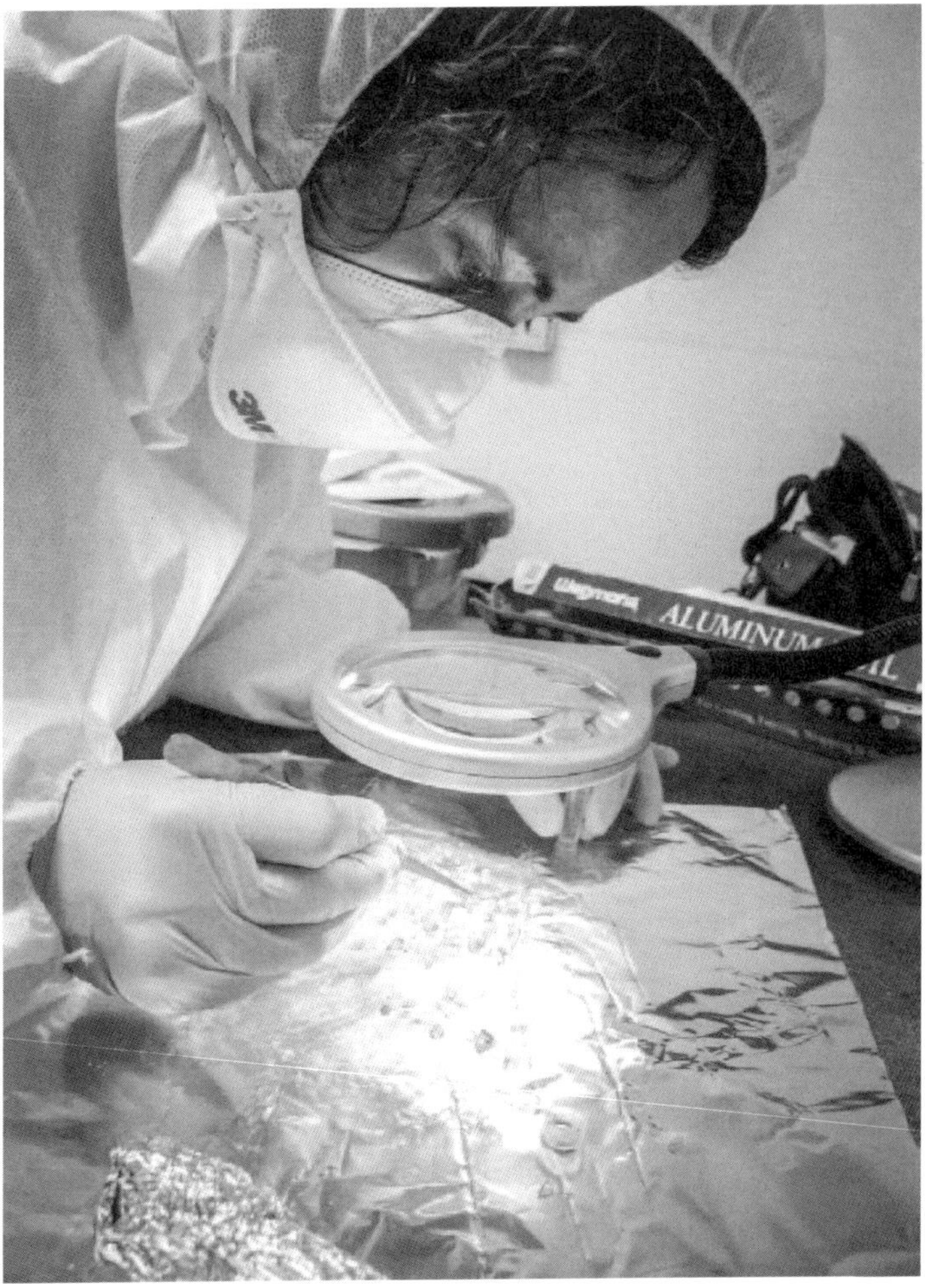

図9　ペンシルヴェニア州立大学の古代DNA研究所で古代琥珀のかけらからハリナシミツバチの遺体化石を選りわけているところ。琥珀に保存されていた昆虫はかつて、保存状態のよい古代DNAを含んでいると考えられたが、研究の結果、比較的短い期間であっても琥珀中ではDNAが残存しないことが判明している。写真提供：マサイアス・スティラー

時間を費やして、まずは自分たち自身が事実だと納得し、そのあとで、ミスなど犯していないことを証明して同僚たちを納得させなくてはならないのだから。

生物組織が保存された琥珀のかけらを見つめていると、なぜ古代DNA学者のコミュニティーがこの組織体から回収したDNAにひどく懐疑的なのか、なかなか理解できそうにない。化石化した琥珀には昆虫、カエル、さらには二三〇〇万歳のトカゲさえ入っていて、すべてが外見上は完全な状態だ。なぜDNAは同様の状態で保存されないのだろう。

残念ながら、DNAは数百万年ももたない。まんいち琥珀から本物の古代DNA配列を回収できたなら、DNAの保存と崩壊についてこれまでに解明されたあらゆる法則を破ることになる。

え？　ジュラシック・パークはありえない？

琥珀がいまの姿になる数百年前は、コーパルと呼ばれる物質だった。コーパルになる数千年前は、樹脂だった。樹脂とは、もっぱら針葉樹――たとえばマツ、イトスギ、シーダー、セコイア――が分泌する粘っこくて不定形の有機物質のことだ。樹脂にはさまざまな目的がある。まずは樹木を損傷や感染から守る。枝折れなど、大きな外傷から回復する手助けをする。また、相当な匂いを放つので、好奇心の強い昆虫を引きつけられる。樹脂はにじみ出るさい、植物や昆虫をはじめ小さな生き物をからめ捕り、ときには完全にその粘っこい物質でくるみこむ。数百万年のあいだに、樹脂のなかの揮発性有機化合物が蒸発し、あとには琥珀を作る不揮発性化合物と、なんであれ琥珀に閉じこめられたものが残る。

琥珀内の生物の保存状態が並はずれて良好な理由は、おそらくそれが樹脂にのみこまれるスピードだろう。その生物が完全にくるまれた結果ほぼ即死したのなら、消化器官または周辺環境内の細菌がコロニーを作って腐敗のプロセスを始める時間はほとんどない。また、組織がみるみる水分を失うので、DNAを分解する酵素も活性を失う。

琥珀内が超長期のDNA保存にひときわすぐれた環境かもしれないという推論は、一九九〇年代初頭、はじめて科学者たちがこの実験を行なったときに用いられたものだ。ところが、わたしたち三人とはちがって、くだんの科学者たちは実験に成功したと主張した。というより、叫んだ。それも、とくに評価の高いいくつもの科学誌に掲載された論文で。

一九九〇年代初頭といえば、古代DNAの分野がまじめな科学的試みとして認められはじめたころだ。一七〇年前のクアッガ（シマウマの絶滅した近縁種）からも、数千年前の人間のミイラからも、さらには三万年以上前のネアンデルタール人やマンモスからも、DNAが回収された。研究者たちは、これら古代DNAが何を明かしてくれるのか認識しはじめたところだった。

古代DNAが最初に利用されたのは分類学で、絶滅種と進化上最も近縁の現存種を突きとめるのに使われた。たとえば、わたしたちはいま、アジアゾウがアフリカゾウよりもマンモスに近いことや、ドードーの最近縁種は華やかで美しいキンミノバトだと知っている。古代DNAを解析して得られた分類学上の成果には、驚くべきものもある。ニュージーランドでは、骨の大きさの相違にもとづいて三種類のオオモア（*Dinornis*）が存在するとされていた。ところが、これらの骨から分離した古代DNAにより、じつは一種類のオオモアしか存在しないことが示された。この場合、大きさは分類学的になんの意味も持たなかった。大ぶりの骨はすべて雌のモアのもので、小ぶりの骨は雄のものだったのだ。

古代DNAの分離技術が進歩するにつれて、この分野も前進し、分類学上の問いを提示する当初の目的から、個体群の進化にかかわる具体的な問いを提示することへと移った。DNA配列は、化石記録からは見えてこない局地的な絶滅や長距離分散の漠然としたパターンを示してくれる。たとえば、ウマ——人類が最終的に飼い慣らしたのと同じ種——は、少なくとも一〇〇万年のあいだ、独自の分類学系統として存在している。北米で誕生し、更新世の氷河時代にふたつの大陸を断続的につなげていたベーリング地峡を渡ってアジアに分散した。そして北米とアジアを何度か双方向に行き来し、あらたな個体群を確立しつつ／または確立せずに既存の個体群と交雑した。のちにヨーロッパ人植民者が北米にウマを持ちこんで再定着させたのは、ウマの局地的な絶滅、分散、再移植の最新例とみなす人もいるくらいだ。つまり北米の野生のウマは、意図せずに行なって大成功を収めた再野生化実験と言ってもおかしくない。

古代DNAからはまた、もはや存在しない形質を発現させる遺伝子が突きとめられる。たとえばマンモスに特有の血色素《ヘモグロビン》——外気がきわめて冷たいときに巨体の隅々まで酸素を運べる赤血球細胞を作る組織——などだ。古代DNAはさらに、どの遺伝子の変化が人類とネアンデルタール人を差別化したのかを明確に示してくれる。要するに、古代DNAは、現在の生物多様性をもたらした進化の過程について学ぶ強力な手段となるわけだ。

一九八〇年代の終わりから九〇年代のはじめに古代ＤＮＡの発見を主導していた研究グループは、カリフォルニア大学バークレー校のアラン・ウィルソンらの〝絶滅ＤＮＡスタディ・グループ〟だった。この科学者集団は他に先駆けて、死んだ生物の遺体化石からＤＮＡのかけらを回収するプロトコルや、とくに重要な、汚染されたＤＮＡと本物の古代ＤＮＡを識別するプロトコルを開発した。

古代ＤＮＡは、たちまち空想科学《ＳＦ》小説に取り入れられた。現に、マイケル・クライトンも〝絶滅ＤＮＡスタディ・グループ〟から小説『ジュラシック・パーク』の着想の一部を得たと認めている。そしてこの小説が一九九〇年に発表されてほどなく、空想科学が科学的な事実になったかに見えた。複数のグループ（ただし、前述のカリフォルニア大学バークレー校のグループは含まれない）が、数千万年前のハリナシミツバチ、ミツバチ、シロアリ、ブヨの仲間、さらには一億二〇〇〇万年前のゾウムシのＤＮＡ配列を解析したと発表したのだ。これらの配列はすべて、琥珀に保存されていた遺体化石から古代ＤＮＡを抽出したのちに解析された。

これが事実であれば、どんなにかうれしいことか。二〇一三年、イギリスのマンチェスター大学の科学者チームが、コーパルに保存されたハチからＤＮＡを抽出するのは可能かどうか確かめる実験を行なった。前述のとおり、コーパルは琥珀になる前の物質で、完全には化石化していない。ゆえに、琥珀よりもはるかに新しい。このマンチェスター大学のチームは、ハチが入ったふたつのコーパルからＤＮＡを抽出した。ひとつは一万年前、もうひとつは六〇年足らず前のものだ。実験には最新の標本準備手順とＤＮＡ抽出技術が用いられた。ところが、成果はなんら得られなかった――わたしたちが一七〇〇万年前の琥珀から何も得られなかったのと同じく。それも、わずか六〇年足らず前のコーパル標本から得られた成果もゼロなのだ。

くだんのマンチェスター大学の実験は、コーパルに保存されたハチから古代DNAを抽出する試みとしてはふたつめに相当する。一九九七年、ロンドン自然史博物館の研究者チームが、一九九〇年代初頭のめざましい実験結果を再現――ひいては実証――しようとした。博物館の収蔵物からさまざまな琥珀とコーパルのかけらを集め、古代の昆虫のDNAを抽出し、配列を解析しようとした。だが、やはり本物の古代昆虫のDNAはひとつも取り出せなかった。

結果が得られないことをどう解釈するかは、どんな場合でもむずかしい問題だ。もしかしたら、配列データをどんどん作っていけば、いずれは結果が得られるかもしれない。とはいえ、証拠の積み重ねから、琥珀には古代DNAは保存されないものと考えられる。樹脂に閉じこめられたあと昆虫に何が起きるかは、よくわかっていない。おそらく急速に水分が失われたはずで、そのことはDNAの保存に望ましいが、べつの観点からすると、琥珀は保存状態のよいDNAをもたらしてくれそうにない。たとえば琥珀には気体や一部の液体が浸透しうるが、この事実はつまり、いずれは崩壊をもたらす影響力からDNAが完全に隔離されていない可能性を示す。しかも、化石化した琥珀は生成後に灼熱か高圧にさらされたかもしれず、そのいずれもがDNAの残存にとって過酷な条件だ。

初期の実験結果を再現できないことから、琥珀にはDNAが保存されないものと言える。ならば、一九九〇年代はじめに研究者たちが解析した配列は、なんだったのだろう。

DNAがひとつも保存されていない化石からDNAを抽出する

古代の琥珀から一九九〇年代はじめに取り出された昆虫のDNAがなんであるか、最も可能性が高いのは昆虫だろう。つまり、今日生存している昆虫だ。

さきほどは触れずにいたが、ロンドン自然史博物館の研究者たちはときおり、収蔵物の琥珀から昆虫のDNAを分離することができた。実を言うと、まさにこの結果が、琥珀からは古代DNAが得られないという結論に彼らを導いたのだ。実験を設計するにあたって、彼らは昆虫が封じこめられた琥珀とそうでない琥珀を選んだ。つまり対照実験をしたわけだ。もし、くだんのDNAが琥珀に保存された昆虫のものなら、昆虫が含まれていない琥珀には昆虫のDNAが存在しないはずだ。ところが、実験結果はこの仮説どおりにならなかった。昆虫が含まれた琥珀からも、何も含まれていない琥珀からも、昆虫のDNAを取り出せる確率は等しかった。どうやら昆虫のDNAの提供源は、琥珀内に保存された生物とはちがうものらしい。

この結果は、古代DNAを扱うさいの重要な課題を示す。保存されたDNAがごく少ない標本からDNAを回収するためには、きわめて感度がよく強力な手法が必要になる。ところが、手法が高感度で強力になればなるほど、偽りの結果を生み出す確率も高くなってしまう。

前述の実験で、研究者たちはPCR――ポリメラーゼ連鎖反応――と呼ばれる技術を用いて昆虫のDNAを増幅した（図10）。PCRは、一九八三年に、当時シータス社という会社で働いていた生化学者、キャリー・マリスによって開発された。ＤＮＡの解析技術を用いれば、ＤＮＡの断片の正確な配列を知ることができる。ところが、そのためには、対象となる断片の複製が数百万単位で必要になってくる。ＰＣＲ法が開発される以前は、細菌のゲノムにＤＮＡの断片を無作為に取りこませて増やしていた。細菌は分裂増殖してコロニーを形成し、それぞれの細菌に取りこまれたＤＮＡの断片の複製が含まれるおかげで、配列の解析にじゅうぶんな数が得られるというわけだ。ＰＣＲはそれよりもはるかに速くＤＮＡを複製でき、さらに重要なことに、ゲノムの特定の部分を複製の標的にすることもできる。いまや分子生物学において最も幅広く用いられ、必要不可欠な技術となっている。

その革命的な意義からすると、ＰＣＲは驚くほど単純な手法だ。プロセスをざっと説明するために、仮に、わたしたちが家畜のニワトリと野生のニワトリの遺伝子的なちがいを知りたがっているとしよう。甲状腺刺激ホルモン受容体（ＴＳＨＲ）遺伝子は、ニワトリの生殖を速めることから、家畜化に重要な役割を果たすものと考えられている。そこで、わたしたちは家畜のニワトリとニワトリが家畜化される以前に生きていた古代ニワトリの遺体化石の双方からＤＮＡを抽出し、ＰＣＲ法を用いてこの遺伝子を増幅する――つまり複製を作る。そして、得られた遺伝子の配列を解析し、家畜化されたニワトリのものが野生の近縁種や家畜化以前の祖先のものとは異なるかどうか確認する。

まずは、ＴＳＨＲに的を絞る手段が必要となる。これを得るために、プライマーと呼ばれる二本の短いＤＮＡ探針《プローブ》を、ＴＳＨＲの両端のＤＮＡ配列に対応するよう設計する。それから、このプラ

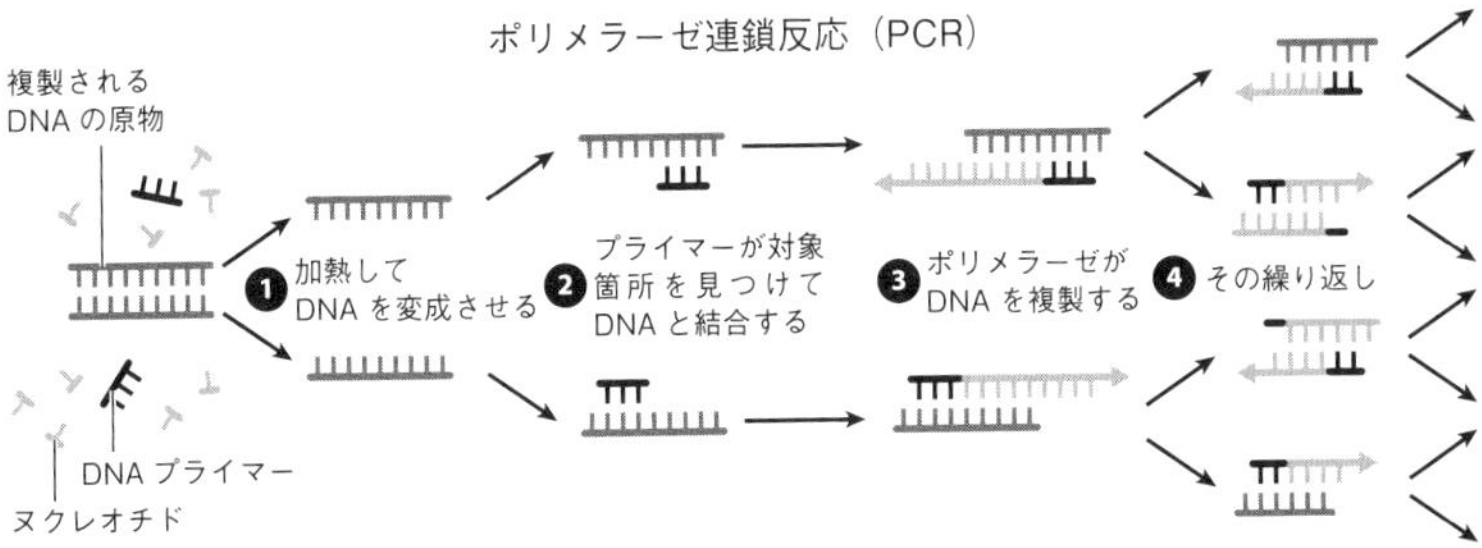

図10　ポリメラーゼ連鎖反応、略してPCR。PCRは分子生物学でよく用いられる手法で、DNAを複製する酵素と、DNA配列の複製を作る遊離ヌクレオチドと、ゲノムにおいて複製すべき部分を突きとめるDNAプライマーと一緒に、DNAの加熱と冷却を繰り返す。

イマーと、すでに抽出してあるニワトリのDNAと、遊離ヌクレオチドと、DNAを複製するポリメラーゼという名前の酵素とが混ざった化合物を作る。いよいよ複製プロセスの開始だ。化合物を加熱すると、DNAの二本の鎖を結びつけている水素結合がほどかれる。すべてが一本鎖になったところで冷却し、鎖がまた互いにくっつくようながす。プライマーは短いし化合物内にたくさん存在するので、二種類のプライマーがいち早く、ニワトリのゲノム内の対応箇所、つまりTSHRの両端の領域を見つけて、二重らせんのDNAを形成する。それから、両プライマー間の配列の欠けている部分――TSHRの遺伝子――を、ポリメラーゼが埋める。このとき、一本鎖のDNA配列が鋳型として用いられ、また、遊離ヌクレオチドが埋めるための材料となる。一連の過程が完了すると、TSHRの数が二倍に増える。配列の解析にじゅうぶんな数を得るために、数時間かけてこの過程を三〇～四〇回繰り返し、最終的に同一のTSHRの複製を数兆個作製する。

PCR法はきわめて繊細な手法だ。理論上は、抽出したD

NAの化合物のなかに、標的となるDNA配列がひとつでも存在すればうまくいく。古代DNAを扱う者には朗報だ。なにしろ、生き残りが期待されるDNAはごくわずかしかないのだから。ところが、そのいっぽうで、大惨事を招きかねない手法でもある。わずかひとつのDNAのかけらをPCR法で増幅できるなら、汚染DNAがひとかけら存在するだけで、実験が台無しになってしまう。このように汚染にきわめて弱いことから、たとえば数百万年前の琥珀に保存されていた昆虫のDNAなど、尋常ではない実験結果については、本物であることを示すための尋常ではない証拠が必要になる。最低限でも、結果が再現できなくてはならない。前述のニワトリの実験では、イギリスのダラム大学とスウェーデンのウプサラ大学の古代DNA研究室でまったく同じ実験が行なわれた。そして古代のニワトリの遺体化石からまったく同じ解析結果が得られ、それらの結果が本物であって汚染によるものではないことが確認された。

古代DNAの研究において、おもな汚染源は、現在生きている有機体のDNAだ。DNAはどこにでもある。実験室で使われるガラス器具類にも、DNAの抽出に用いられる試薬や液剤にも、実験室のベンチや床や壁や天井にも。さらには、実験室や廊下の空気中にすら漂っている。もっと問題なのは、この現代の汚染DNAが、物理的にも化学的にもきわめて状態がよいことだ。古代DNAがたいていはごく小さな断片で、大半は一〇〇塩基対以下なのに対し（〝コネコ〟〝アリンコ〟〝コンチュウ〟といった単語を思い浮かべてみよう）、生きた有機体のDNAは数百万塩基の長さにおよぶこともある（たとえば『メリーポピンズ』に登場するナンセンス語、〝スーパーカリフラジリスティクエクスピアリドーシャス〟を思い浮かべてみよう）。しかも、古代DNAは壊れてもいる。塩基が欠けていたり、化学的に損なわれていたりすることが多い（たとえば〝コジコ〟〝$リンコ〟〝コチュウ〟とか）。PCR法で用いるポリメラーゼ酵素は、これら損なわれた箇所もわざわざ読んで、しかも、その配列を複製するさいに過ちを犯す（たとえば〝コダコ〟〝ジャリンコ〟〝コウチュウ〟とか）。いっそう困ったことに、古代DNAの断片は、抽出したDNAのべつの断片と化学的に結合していることが多く、もつれた分子構造を形成するせいでポリメラーゼにDNAとして認識されない。こうした問題点が要因で、ポリメラーゼはえてして、断片的で化学的に結合して損なわれている古代DNAよりも、壊れたり化学的に損なわれたりしておらず完全な形で自由に漂っている汚染DNAのほうを見つけて複製を作りがちだ。もっと言うなら、PCR法の過程では、わずか一片の生きた有機体のDNAが数百個もの損なわれた古代DNAの断片を出し抜いてしまい、実際はちがうのに琥珀から分離された古代DNAの配列とみなされて複製されてしまう。マンモスの骨であっても事情は同じだ。

汚染は、ささいな脅威ではない。さまざまな形で訪れ、古代DNAの研究が進められるうえで重要な役割を果たしてきた。最初にして唯一、恐竜のDNA配列として報告されたものは（ここまで説明したらもう驚かれないだろう）汚染されていた。というより、その多くが人間のDNA配列だった。よもや恐竜が鳥類や爬虫類よりほ乳類に近い種であるとはだれひとり思わなかったし、これらはるか昔の恐竜の化石にDNAが保存されていると信じる人もほぼいなかったので（なにしろ、化石は骨というより岩なのだから）、この実験結果はすぐさま汚染と認識されて退けられた。

ところが、多くの場合、汚染はもっとひそやかな形で訪れる。これこそが、何よりもたちが悪い。

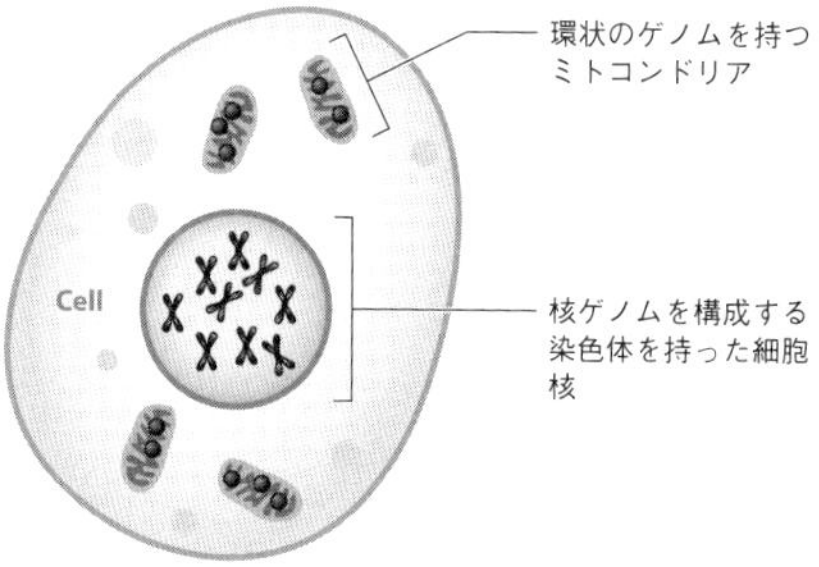

図11　わたしたちの細胞には、ふたつのDNA源がある。人間をはじめとする真核動物は、細胞に2種類のゲノムを持っている。核ゲノムは常染色体と性染色体をともに持ち、細胞の核のなかに存在する。ミトコンドリアゲノムは、細胞質内の小器官（オルガネラ）であるミトコンドリアのなかに存在する。真核動物のほとんどにおいて、ミトコンドリアは母系でしか遺伝しない。

現代のハト（カワラバト、つまり世界各地の都市でファストフードの食べ残しやポイ捨てされた煙草の吸いさしを漁《あさ》っている種）がどういうわけか、わたしの最初の古代DNA研究プロジェクトを汚染してしまった。このプロジェクトは、ドードーのミトコンドリアのDNA――母系でしか遺伝しないタイプのDNA（図11）――の配列を決定するものだった。前述のとおり、ドードーはハトの仲間だから、実験結果を論文にまとめる前に汚染を発見できたのは幸運だったと言える。汚染が発覚したのは、じつに単純な事実からだった。ほぼすべてのDNA抽出実験が失敗したのに、あるひとつの実験だけがきわめて良質のDNAを大量にもたらした。結果が本物ではないことを示す決定的な証拠だ。いまだにどこから汚染がやって来たのか確証はないが、この件以来、わたしは靴を何かで覆うのではなく、古代DNA実験室の外に脱いでおくようになった。

わたしにしろ友人や同僚の多くにしろ、どんなに実験室を汚《け》れなく保っていても、ときおり一定の汚染を経験する。家畜やハツカネズミのDNA配列はじつによく見かける汚染だ。これはおそらく、わたしたちの実験のほとんどがほ乳類のDNAを増幅させるよう設計されているせいだろう。当然ながら、家畜もハツカネズミもほ乳類なのだから。わたしたちは、汚染とともに生き、汚染を予期し、探すべきだと経験から学んできた。汚染のおかげで、わたしたち古代DNAの科学者は自分たちのデータに対する健全な慎重さを培い、実験結果の信頼性について高い証明基準を定めている。

この説明で、なぜわたしたちが古代DNA実験室に入るたびに手の込んだ装備一式を身につけるのか理解していただけただろうか。わたしたちは、化石に保存されているかもしれない遺伝子のテロから身を守ろうとしているのではない。そうではなく、なんであれ化石に保存されているかもしれないDNAを、わたしたち自身から守っているのだ。

もちろん、わたしたちをはじめとする質のよいDNA源にマンモスの骨が汚染されないよう、どんなに気をつけていようと、マンモスのDNAしか含まない骨を見つける可能性はまずない。それどころか、無作為に選んだマンモスの骨から回収されるDNAのほとんどは、微生物のものになるはずだ。というわけで、次なる課題を説明しよう。

化石に含まれるDNAの驚くべき多様性

仮に、わたしたちがシベリアでマンモスの骨を見つけて、マンモスのゲノム配列を決定するために、その骨からDNAを抽出したがっているとしよう。まず、わたしたちはその骨を汚染から守る必要がある。つまり、けっして素手で触ってはならない。まんいち触ったら手のDNAが骨の表面に付着し、一部が表層に吸収されてしまう。また、骨に呼気をかける、未殺菌の袋に収納する、ほかの骨に触れさせる、なども厳禁。だからこそ、わたしたちは手袋とフェイスマスクとヘアネットを身につけ、すべての標本を個別に保管する。標本から一部を削り取って研究室に持ち帰るさいは(図12)、滅菌した切除道具を用い、滅菌した切除面の上で作業し、標本間のあらゆるものを漂白剤で清潔に保つ。

現場《フィールド》から研究室に戻っても、古代DNA実験室に入るまでは滅菌袋から標本を取り出さない。実験室に入り、くだんの滅菌した古代DNA装備でめかしこんで、滅菌した破砕道具で骨を粉々に砕き、滅菌した溶剤と滅菌した実験道具でDNAの抽出を行なう。DNA抽出作業が完了すると、マンモスの骨は透明な細い試験管の内容物に変わっている。水と見分けがつかない、ごく少量の液体だ。その液体のなかに、おそらくマンモスのDNAが入っているはずだ。

そして細菌のDNAも。

そして真菌類のDNAも。

そして昆虫や植物やネズミやイヌや人間そのほかのDNAも。

マンモスではないこれらのDNAは、しかし、汚染とは呼ばない。いや、呼ぶかもしれないが、標本のなかにわたしのDNAがある場合と同じ意味での汚染ではない。DNA抽出物中のマンモスではないDNAのかけらは、発掘される前に骨に入りこんでいた可能性が高い――マンモスが死んだ時点からその骨が掘り出された時点のどこかで。土壌中の細菌、真菌類、昆虫、植物はすべて、

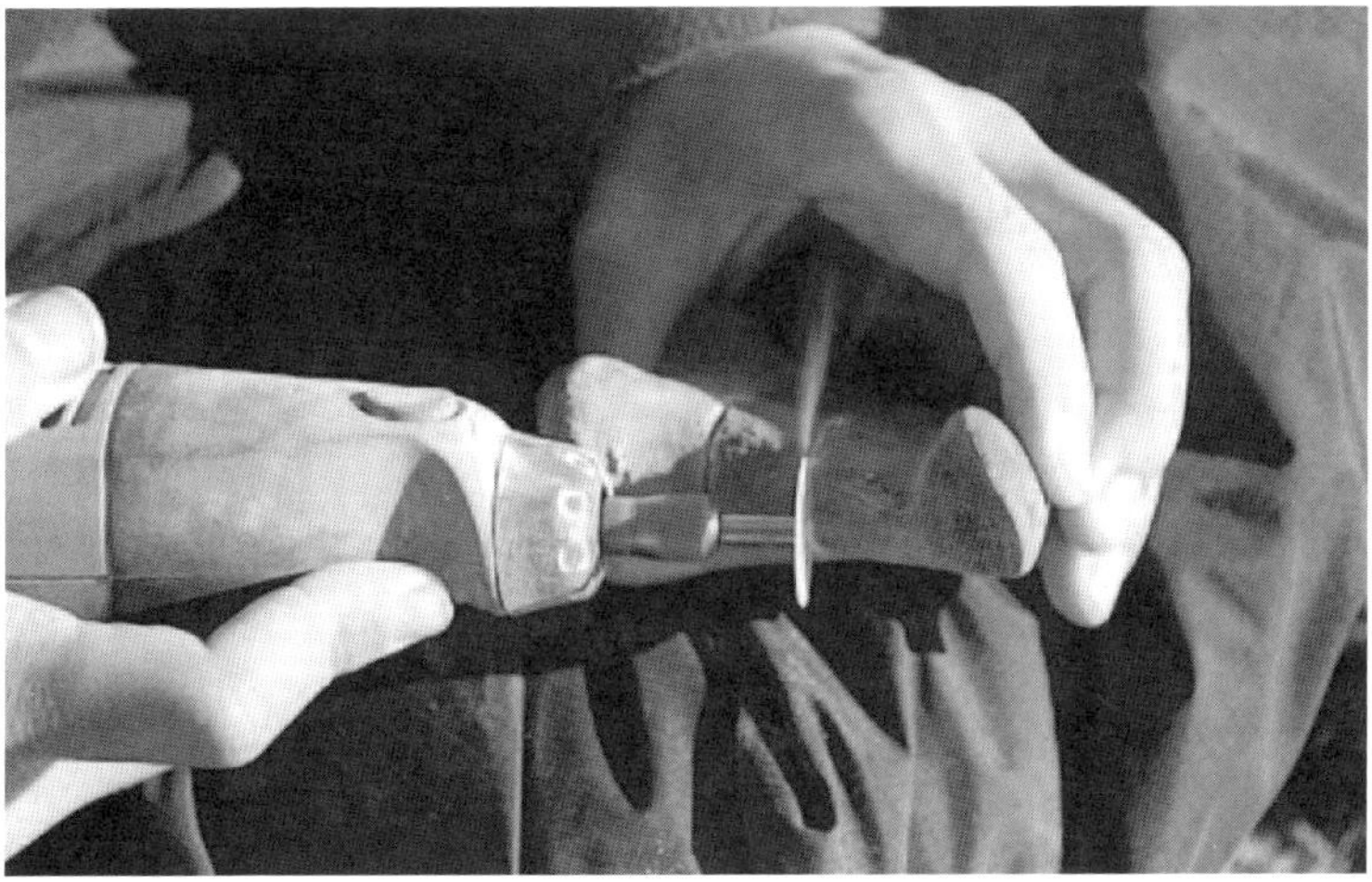

図12　氷河時代の骨の標本を現場で採取しているところ。DNA の抽出および分析には、ごくわずかな量の組織でこと足りる。ここでは、わたしたちの 2008 年タイミル探検で収集された標本から、小さなかけらを削り取っている。写真提供：ベス・シャピロ

朽ちていく骨の周囲でコロニーを作るか生育している。土壌に浸透する水もまたDNAを運び、そのDNAが骨に入りこむ。尿にさえもDNAはある。数年前、わたしたちはニュージーランドで、モアのDNAが豊富な土壌とまったく同じ層にヒツジのDNAがふんだんに見つかることを証明した。ヒツジがニュージーランドに導入されたのは、モアが絶滅して数百年経ってからだ。今日、ニュージーランドにはヒツジがたくさん住んでいる。たくさんのヒツジはたくさんの尿を生じ、それが土壌に染みて深層にたどり着き、モアのDNAと混ざりあっているのだ。

マンモスの骨のなかには、細菌その他の外来のDNAよりマンモスのDNAを比較的たくさん有するものもある。これこそ、わたしたちが解析したい骨だ。残念ながら、

とにもかくにも実験を行なってみないと、マンモスのDNAとほかのDNAの割合を知るのはむずかしい。DNAを抽出し、配列を解析して、結果を見るしかないのだ。

幸運にも、標本を選ぶさいに指針となる一般的な保存原則がいくつかある。第一に、寒冷な環境はDNAの保存状態を良好に保つ。DNAの崩壊にかかわる化学的なプロセスは、気温が低ければ低いほど遅くなるからだ。保存状態のよいDNAを含む骨は、北極地方の凍った土壌（永久凍土層）や標高の高い洞窟などで見つかる。熱帯の島はDNAの保存には最悪な場所で、この事実はドードーの復活を熱望する人にとっては悪い報せだ（とはいえ、すべてのドードーがモーリシャスで息絶えたわけではない。生きたままヨーロッパに輸送された個体もあり、その遺体化石の多くが博物館の収蔵品に見つかる）。第二に、紫外線はDNAを損なう。生存中も死後も紫外線はDNAに同じ損傷をもたらすが、死んだ組織は、わたしたちが日光を浴びるたびに恐ろしい皮膚がんを防いでくれるDNA修復機能を持たない。紫外線が害になることから、保存状態のよい遺体化石が見つかる場所は、やはり洞窟が理想的ということになる。そしておそらく、すぐに埋められた遺体化石のほうが、数カ月、あるいは数年も地表にさらされた遺体化石より保存状態がよいだろう。第三に、水はとくにDNAを傷つける。死後すぐさま脱水され、乾燥または冷凍状態で保存された場合は、DNAが長期間残りやすい。古代DNAは、自然にミイラ化された人類、ステップバイソン、マンモスなどの遺体化石から見つかっている。最後に、損傷や崩壊の生じやすさは組織によって異なる。たとえば骨は、柔らかい組織よりも無傷のDNAを得やすい。たぶん、骨の基質構造か細胞そのものになんらかの要因があるのだろう。毛髪もまた、保存状態のよいDNA源として優秀だ。毛幹の外側の部分が疎水性なので、ＤＮＡを傷つける水や微生物が毛髪に入りこみにくいのだ。

ＤＮＡが残存する時間的な限界

いかに最善な環境で保管されていようとＤＮＡは永久には残らないことを、物理と生化学の法則が示している。それを頭に入れたうえで、ゲノムの配列決定プロジェクトの対象となる標本の古さを知れば、そのプロジェクトがどのくらい成功しそうかおおよそ見当がつくだろう。ＤＮＡが保存される限界年数を正確に示す厳密な基準はないが、生化学のモデルから、周囲の気温が温暖なときの上限は一〇万年前後と思われる。とはいえ、現実には残存可能な年数にいちじるしく差異が生じ、いったいどの場所にその標本があったのか、保存された部位がどこ（毛髪、歯、骨、ミイラ化された組織、卵殻）なのか、標本の保存状態がどう変遷したかに左右される。暖かい環境で標本が水没して紫外線にさらされていたら、有用なＤＮＡはものの一年足らずでことごとく破壊されるだろう。北極地方では、肉がすぐに取り除かれてただちに凍らされ、埋葬時から発掘時までずっと凍ったまま地中に留まっていたなら、その標本のＤＮＡは数十万年残存しうるかもしれない。

まずは、わたしの言う〝有用な〟ＤＮＡの意味をはっきりさせておこう。ＤＮＡの分解、消滅は、ある時点まで完璧に保存されて情報が詰まっていた分子に、有効期限が切れたとたん一夜にして生じるというものではない。ＤＮＡ崩壊の過程には、化学的な損傷の積み重ねと、長い鎖がしだいに分解してどんどん小さなかけらになる事象が含まれる。残ったかけらが二五～三〇塩基対より短いと、ゲノム内での場所が特定できず、ひいては遺伝子研究にもはや役に立たない。長さが一～二塩基対のDNA片は、保存状態が劣悪な環境ですら相当な期間残存しうるが、それらを回収しても、絶滅種のゲノムをつなぎあわせる助けにはならない。

先ごろ、わたしは古代ウマ――今日ケンタッキー・ダービーで走っているのと同種だが、はるか昔に生きていたウマ――の完全なゲノム配列を決定する大規模な国際共同研究に参加した。わたしたちが用いた骨は、カナダの北極地方の永久凍土から回収されたものだ。見つかったとき、その骨が古いことはわかっていた。とても、とても古いことが。だから、わたしたちは浮き立った。

古代DNAの研究では、その骨がどのくらい古いか知ることが欠かせない。それぞれの骨がどのくらい古いか判明すれば、個体群の規模の変化や遺伝子の多様性を環境の変化と相関させる手がかりになる。たとえば、ウマは一万二〇〇〇年前に北米で局地的に絶滅した。第1章で論じたとおり、絶滅した要因としてふたつの競合仮説がある。すなわち、およそ二万年前に最盛期を迎えた最後の氷河時代をうまく切り抜けられなかったのか、およそ一万四〇〇〇年前に北米に到達した人類によって狩られすぎたせいか。ウマが一万二〇〇〇年前にいなくなっていた事実を知ることと、なぜウマが消滅したのか突きとめることは同じではない。ふたつの仮説の相違を見分けるためには、いつウマの個体群が減少しはじめたのか知る必要がある。そのためには、骨ひとつひとつの古さを知ることが肝要だ。

骨、化石、または考古学的な人工遺物の年代を知る方法はいくつかある。洞窟や考古学遺跡など一定の環境条件では、はっきりと年代がわかる地層か、年代が知られているほかの遺物も見つかった地層で発見されることがあるだろう。一定の期間にしか一緒に見つからない化石の集積や、先史時代の特定の時期にだけ用いられた先史技術の標本もあるかもしれない。だが残念ながら、わたしたちが研究するウマの骨の大半が見つかる永久凍土では、そうした層は多くない。

永久凍土に保存されていた骨の年代は、ほとんどが放射性炭素年代測定法と呼ばれる手法を用いて割り出される。放射性炭素年代測定法は、生物の遺体化石に含まれるふたつの炭素同位体——炭素14と炭素12——の割合を測り、得られた結果を用いてどのくらい前にその生物が死んだのか推定する方法だ。炭素14は宇宙線が窒素と衝突するさいに大気中に生成される炭素放射性同位体で、炭素12は標準的な炭素同位体だ。いずれの炭素同位体も酸素と結びついて二酸化炭素を作り、光合成を通じて植物がそれを吸収する。さらに動物が植物を食べ、植物の炭素を骨に組みこむ。このどの時点においても、生物中に存在するふたつの炭素同位体の割合は、その生物が生息する大気中の割合と同じになる。炭素14は放射性だから、半減期五七〇〇年という予測しうる速度で崩壊する。生物は死ねば炭素の吸収を中止するので、遺体化石に残存する炭素14の量をもとに、その生物が死んでからどのくらい経っているか測定できるわけだ。

放射性炭素年代測定法は、永久凍土から出土した骨の年代を推定するための強力ですがすがしいまでに正確な方法だ。とはいえ、大気に含まれる炭素14の量は、炭素12の量にくらべてごくごくわずか——大気中の炭素のうちわずか一兆分の一——で、半減期もけっこう短い。四万年ほど経過してしまうと、遺体化石に残された炭素14の量が少なすぎて正確に測定できなくなる。というわけで、放射性炭素年代測定法は、最近のごく短い期間にかぎって有効だ。

幸いにも、永久凍土に保存されていた骨の年代を測定する方法はもうひとつある。火山は噴火するさいに、ごく細かな塵を広範に噴きあげる。一般に火山灰またはテフラと呼ばれるものだ。噴火ごとに、独特な地球化学的組成のテフラが生成される。そして、地球化学者が火山の噴火年代を調べる方法をいくつか開発している。前提となるのは、高熱が鉱物の年代をリセットすることで、ゆえに、さまざまな鉱物の状態を測ればいつ噴火が起こったのかを推定できる。

火山テフラは、アラスカからユーコン準州《テリトリー》にかけての広い地帯に堆積し、はるか西のアリューシャン列島やアラスカ半島の火山の噴火を示している。降塵が落ち着くと、永久凍土の表面を覆う白い層が形成される。時が経つにつれて堆積物が永久凍土の火山灰層の上に積もり、ひいては（テフラの下にある）火山の噴火前に埋まっていた化石と、（テフラの上の永久凍土にある）噴火のあとに埋まった化石が線引きされる。この方法はさほど正確ではないが、古すぎて放射性炭素年代測定法が使えない骨のおおよその年代を測定する手段にはなる。わたしたちが研究対象とするはるか昔のウマの年代を調べるさいに使ったのも、この方法だ。

どのくらいから古くなりすぎるのか

わたしがよく実地調査《フィールドワーク》を行なう場所は、カナダのユーコン準州ドーソン・シティにほど近いクロンダイク金鉱地域だ。氷河時代の古生物学にとって、金鉱は願ってもない場所となる。クロンダイクの採金者のほとんどは砂鉱採掘という手法を用いている。まずは、春の雪解け水が溜池に集めら

図13　カナダのユーコン準州ドーソン近郊にある砂鉱から回収された氷河時代のウマの頭蓋の一部。写真提供：タイラー・クーンとマサイアス・スティラー

れる。表面に出ている凍土を太陽が解かすと、水がポンプで採掘場に送られ、解けた凍土の泥めがけて噴出される。これにより、固い氷以外のあらゆるものが洗い流される。採掘作業はそこでしばらく停止され、そのあいだに、暖かい陽光が凍った土壌の次の層を解かす。それから、また水が噴きかけられ、解けたばかりの泥が洗い流される。この過程が繰り返されると永久凍土がすっかり消えて、金を含む砂礫だけが残る。

採金者は面食らうだろうが、わたしたちは砂金にはたいして関心がない。かたや、凍土が洗い流される過程で出土した数千もの骨には、おおいに関心がある（図13～15）。クロンダイクでは、出土したうちおよそ八割が絶滅したステップバイソンの骨で、一割がウマ、残りはもっぱらマンモス、クマ、ライオン、カリブー、オオカミ、ジャコウウシだ。重要なのは、砂鉱採掘がゆっくりと秩序だって行なわれることで、おかげで骨の多くをま

図14　カナダのユーコン準州ドーソン近郊にある砂鉱の活動によって、マンモスの頸椎のひとつが少しずつ露出しているところ。ときおり、同じ動物の複数の骨が近い場所から回収されることがある。このマンモスの骨は、2010年にほかの4つの頸椎とともに回収された。写真提供：タイラー・クーン

図15　カナダのユーコン準州ドーソン近郊にある砂鉱で露出したマンモスの牙。牙の周囲の土壌が完全に解けるまで数日かかったが、わたしたちはなんとか長さ2.5m、重さ45キロのこの牙を回収した。現在、この牙は、ユーコン準州ホワイトホースの観光文化局に古生物学史料として収蔵されている。写真提供：タイラー・クーン

だ凍ったままの状態で凍土から掘り出せる。

わたしたちはシスル・クリーク近くの金鉱でごく古いウマの骨を見つけた。そこは、クロンダイク金鉱のなかでも特別な場所だ。数年前、アルバータ大学のデュアン・フローズ率いる地質学者のチームが、シスル・クリーク近くの凍土はきわめて古いことを発見した。実のところ、これまで見つかったなかで最古の凍土なのだ。最古と判断した決め手は、ゴールドラン・テフラと呼ばれる火山灰が凍土の泥と結合した状態で発見されたこと。ゴールドラン・テフラはおよそ七〇万年前にユーコン準州の中央一帯に堆積したものだ。この七〇万年前の凍土にウマの骨が保存されているのを見つけたとき、わたしたちは骨にウマのDNAが含まれているか確かめたくて浮き足だった。

デュアンはゴールドラン・テフラと結合した凍土層から数個の骨を回収したが、そのすべてが現在のイエウマ（家畜のウマ）の骨よりも大きかった。発掘現場から保管庫まで、それらの骨は凍ったままの状態で運

ばれた。わたしたちは、うちふたつから副次標本を採取してDNA解析を行ない、驚くと同時に胸を躍らせた。両方の骨からDNAが回収できたのだ。繰り返そう。わたしたちは七〇万年前の骨ふたつから本物の古代ウマのDNAを回収することができた。

これらウマの骨から回収できたDNAのかけらは、推定年代が絞られる標本から分離された古代DNAとしては最古になる。とはいうものの、尋常ではない実験結果については尋常ではない証拠が必要だ。はたして実験結果は本物なのか？ わたしたちはそう考える。なにしろ、このうえない注意を払って標本を凍ったまま保ち、ほかの標本をはじめDNAの汚染源となるものから隔離しておいたのだ。わたしたちが骨から回収したDNA片は、古代DNAに予期されるとおり、短いうえにひどく損なわれていた。そして配列データの解析から、古代のウマは現存種のウマよりも進化的に古いことが示唆された。しかも、その結果は再現可能だった。わたしたちはオックスフォード大学とペンシルヴェニア州立大学の実験室でこれらのウマのDNAを抽出したが、ルードヴィック・オルランドらコペンハーゲン大学のチームもこれらのウマの骨から数回DNAを抽出した。そして得た結果のすべてにおいて、DNAの配列と損傷状態のいずれもが一致した。以上を総合すれば、きわめて古いウマのDNAが本物であることが裏づけられる。

これら古代ウマのDNA配列を決定しおえるころには、わたしたちは一二〇億近いDNA片を取り出していた。そしてそれらのDNA片を、数年前に組み立てられ公表されていたイエウマのゲノム配列にあてはめてみた。一二〇億ものかけらのうち約一パーセントだけが、イエウマのゲノムの各所にあてはまり、骨から回収されたDNAのごく一部がウマのDNAであることが示された。ほかの約一一九億のかけらは、植物、真菌類、細菌そのほかの環境DNAに合致した。ウマのDNAと環境DNAの割合としては嘆かわしい数字だが、それでも、わたしたちはきわめて古いウマのゲノム配列を決定したのだ。

なぜ、異例なまでの長い期間、DNAが残存していたのか。確かなことは言えない。この骨は、既知の永久凍土としては最古の土壌から見つかり、埋まった時点から七〇万年後の今日にいたるまでおそらく一度も解けていない。もっと古い永久凍土が発見されるか、もっと古い氷床コアから化石が見つからないかぎり、骨のなかのDNAが残存する期間としてはこれが限界かもしれない。

異例なまでに長い保存は、北極地方にかぎられるわけではない。洞窟もまた、驚くほど長い期間DNAを保存することが判明している。たとえば、配列を決定されたネアンデルタール人の骨の大半は、洞窟から回収されている。先ごろ、スペインの洞窟に保存されていた骨から三〇万年前の複数頭のホラアナグマと四〇万年前の類人ひとりのDNAが回収された。安定した環境ではDNAが保存されやすいことが判明しているが、洞窟内は温度、湿度ともにさほど変動しないことが多く、おそらく、だからこそこれらの標本が異例なまでに長い期間保存されていたのだろう。

とはいえ、安定した環境は絶対的な条件ではないようだ。先ごろ、わたしたちはコロラドの古代湖の遺跡から回収した一〇万年前のバイソンの骨を用いて、完全な一万六〇〇〇塩基対のミトコンドリアゲノムを組み立てた。これはジャイアントバイソンと呼ばれるバイソンの絶滅種で、角の全幅が二・五メートルと驚くほど長い――現存するアメリカバイソンの角幅の五倍に相当する。このバイソンの骨とDNAは、寒い冬から暑い夏へと季節的な変化を数千回も経たはずなのに、どういうわけか残っていた。状態はひどく悪かったが、それでも、驚いたことにまだ有用だったのだ。では、この骨を遺伝子情報の提供源として、わたしたちはジャイアントバイソンをよみがえらせたいだろうか。いや、どうしても必要に迫られないかぎりはごめんこうむりたい。全ＤＮＡのうちの〇・一パーセント足らずしかバイソンのものではないし、かけらの平均的な長さは三〇塩基対ほどで、配列もかなり損傷している。だが、もしこれが入手できる唯一の骨で、わたしたちが巨大バイソンを心からよみがえらせたいと願うなら、ゲノムの配列決定にこの骨を用いることはできる。一度に得られるバイソンのＤＮＡはごくわずかだし、費用もたいそうかかるだろう。それでも最終的には、おそらくほぼ正確に配列を決定できるはずだ。

マンモスやリョコウバトの場合は、幸いにも、このような保存状態が悪くてごくわずかしかＤＮＡを含まない骨に頼る必要はない。リョコウバトが死滅したのはほんの一世紀前で、世界各地の博物館に数百羽の遺体が収蔵されている。マンモスの場合、保存状態のよい遺体化石の数はいっそう多い。至近の四万年――放射性炭素年代測定法が有効で、扱う骨の正確な年代がわかる範囲――にかぎっても、数万とは言わないまでも、おそらく数千のマンモスの遺体化石がすでに世界各地の博物館や大学に収蔵されているだろう。その大半は、クロンダイクをはじめとする永久凍土の堆積物から出土した。そして多くがすでに、古代ＤＮＡ研究、さらにはゲノム配列解析プロジェクトの被験体となっている。だが、なにもＤＮＡの崩壊が進みやすい室温の棚に保管中の標本に限定する必要はない。保存状態がきわめてよいマンモスの骨を見つけたいなら、飛行機に乗りこみ、それからヘリコプターへ、場合によってはさらにボートに乗り換えて、北極地方をめざすだけでいい。

第4章
クローンを作製する

凍土地帯《ツンドラ》で作業するあいだは、曲がりくねった川沿いを歩きながら大声で歌を歌っても、だれも気にしない。ウェアを五枚重ねしてもだれも笑わないし、蚊にまとわりつかれないためにあれこれ試したけれど結局は役に立たなかった最新型防護ネットについてだれもからかったりしない。さらには、ぽんこつのＭｉ－８ヘリコプターがシベリアの凍土地帯のまっただなかで予期せず停止し、フランス語を話す夫婦とその五歳児と大きな赤いアイスボックスを途中搭乗させようが、だれもまばたきひとつしない。

これらは、わたしが二〇〇八年の夏に学んだことだ。いまではいい思い出となっているが、あの夏は、経験上いちばん奇妙でいちばん実りのない骨狩りのシーズンだった。わたしたちは、ロシアのタイミル半島に広がる低地ツンドラを訪れ、複数の湖に囲まれた小さな野営地で数週間過ごした。

そして、マンモス狩りをした。

このタイミル探検隊は、経験豊かなうえにほほえましくも風変わりな北極探検家、ベルナール・ビュイグに率いられ、成功を疑う要因は何ひとつなかった。ＣＥＲＰＯＬＥＸ（極地探検サークル《セルクル・ポレール・エクスペディション》）の会長として、ベルナールはクラスノヤルスク地方《クライ》を流れるハタンガ川沿いの小さな町ハタンガの、設備が整った探検基地を起点に、シベリアや北極の陸路探検を長年にわたって率いてきた。そして二〇〇〇年代はじめに、彼は幅広い科学分野の混成隊を率いることに関心を移し、マンミュートスを立ちあげた。これはＣＥＲＰＯＬＥＸ附属の組織で、北極地とその豊かな資源を調査して世に知らしめるという明確な目標を掲げている。とはいえ、名前からもうかがえるとおり、おもな目的は、ミイラ化したマンモスの遺体化石を発掘して科学的に調査すること。時勢を見てこのマンミュートスが設立されたのか、たまたまタイミングがよかったのか、ともあれ二十一世紀への変わり目以降、マンモスをはじめ氷河時代の巨大動物のミイラがシベリアの永久凍土から驚くべきペースで続々と発見されている。

ひとたびベルナール本人に会ったあとは、その統率力にも、今回の探検の成功にも心から信頼をおかずにはいられなかった。なにしろ、二〇〇八年当時までに、彼はシベリアの凍土地帯で何十年もの作業経験を積んでいた。見たところ尽きせぬエネルギーと情熱の持ち主で、シベリアで作業するさいの兵站上の課題（および、その課題を回避する方策）を知りつくし、暖かい外套を大量に収集している。何よりも重要なのは、地域の住人と長年協力しあってきたこと。おかげで、あらたに発見されたマンモスのミイラのもとへまっ先にたどり着けることが多かった。いかなる観点から見ても、今回の探検の成功はまちがいなしと思われた。

わたしたちの冒険は、ハタンガにあるベルナールの自宅から始まった。ハタンガはいっぷう変わった土地だ。人の居住地としては世界最北端にあたり、人口は三五〇〇人にも満たないのに、空港とホテルがひとつずつあって、自然史博物館には地域の人物や歴史にまつわる遺物があふれんばかりに展示されている。また、地元産の肉をディルで味つけして出すレストランが数軒と、霜害にやられた八ドルの人参や半自動小銃や各種へんてこ味のチューインガムを売る小さな商店も何軒かある。道路端や川堤には見慣れない機械が点在し、見たところ一部はまだ現役と思われた。おまけに、人々が住む場所ときたら、小さな木造の一軒家から巨大なマンション、はては輸送用のコンテナ――外洋輸送船に積載されているのと同じもの――にいたるまで、じつに多種多様。なんとベルナールの自宅も、一部はつなぎあわせた輸送コンテナでできていたが、おそらく断熱加工はじゅうぶん施されているのだろう。なんと言っても、北緯七一度に位置するハタンガの冬は暗いわ、平均気温マイナス三五度と寒いわで、一二月から一月の大半は一日じゅう太陽を拝めないのだ。とはいえ、わたしたちが過ごしたのは七月から八月にかけてで、気温は五度から一五度と快適な範囲だったし、一日二四時間太陽が顔を出していた。いや、まあ、ちょっぴり蚊にまとわりつかれ、おかげで爽快な気分がぶち壊しだったのだけれど。

なにせ、数百匹の蚊がいるのだ。

一ミリ四方の大気中に。

わが探検隊のメンバーは、ベルナールとその妻シルヴィと一二歳の甥のピトウ、それからベルナールのもとで働くロシア人数名、フランス人の撮影スタッフとそのボーイフレンド、氷河時代の動物に対してそれぞれ異なる関心を抱く大学研究者たちで構成されていた。最高齢の研究者は、マンモスの専門家にしてミシガン大学の教授を務めるダン・フィッシャー。マンモスの牙の成長痕を調べることにより、その個体にかかわるありとあらゆる事項――性別、生殖歴、生活様式、死因など――を推定する権威だ。彼はまた、成長にともなって牙に取りこまれた炭素や窒素などの安定同位体も計測する。これらの同位体には、マンモスの食餌内容や生息環境の変化がほぼ連続的に記録されているのだ。研究者の一団には、若いころダンのもとで教育を受けたふたりの科学者、アダム・ラウントリーとデイヴィッド・フォックスもいた。それからＤＮＡに関心を抱く、わたしとイアン・バーンズの二名も。イアンは当時、ロンドン大学ロイヤル・ホロウェー校の教授だったが、彼と知りあったのは、わたしがオックスフォード大学で博士課程にあったときだ。

ダン、デイヴィッド、アダムは牙の発見を、イアンとわたしは骨が見つかることを期待していた。牙のほうが同位体の研究には役立つが、ＤＮＡはほとんど含まれない。わたしとイアンはまた、氷河時代にタイミル半島に暮らしていた生物群集にも関心を抱いており、マンモスの骨の収集だけに目を向けていたわけではない。

いまだに原因は不明だが、ベルナールが事前に確約してくれたにもかかわらず、わたしたちがハタンガに到着してから丸一週間、ヘリコプターの手配がつかなかった。やむなく、わたしたちは待った。時間をつぶすために、ベルナールの家の庭で野営してハタンガの町を探索した。暖かい外套や蚊を防ぐための装具を次から次へと試した。街路をあちこちうろつき、地元の犬をからかい、さまざまな機械類の用途はなんだろうと当て推量をした。昆虫の捕獲器を設置して、捕まえた虫がなんなのか突きとめる練習もした。さらには撮影スタッフに便宜を図り、将来の研究プロジェクトに役立てるために、ベルナールが収集した骨のいくつかに穴をあけたりもした。この間《かん》、ベルナールはロシア人科学者や兵站の専門家とせっせと会合を設けていた。多彩な顔ぶれで、活気に満ちた会合だ。巨大な地図がいささか小さすぎるテーブルに広げられて、声高な会話が交わされ、過去の氷河限界を描いた古い科学文献が精査され、ウォツカが消費されて、旅程の検討が行なわれた。

ついにヘリコプターが到着し、野外調査に繰り出すときが来た。わたしたちは食糧と燃料と用具一式をまとめると、ベルナールの自宅から空港へ向かった。セキュリティゲートを通過し、滑走路に足を踏み入れて、自分たちを運んでくれる輸送機器と対面した――とことん愛用されたＭｉ‐８だ。機内のおよそ二五パーセントを、ふたつの巨大なガソリンタンクがすでに占領している。そのタンクを迂回するようにして、わたしたちは荷物を詰めていった。野営道具やカメラや撮影用ライト、空気で膨らませるボート二艘と二五〇馬力の船外機ふたつ、総勢二〇名を六週間養える大量の米と得体の知れないフリーズドライの食材、調理用の大きな燃料タンク、少なくとも二四時間はメンバーを幸せな気分に保てるだけのウォツカ……。結果、Ｍｉ‐８の窓は三分の一がふさがれて、機中の喫煙がいっそう快適に感じられそうだった。

荷積み作業をすべて終えると、わたしたちは機内に乗りこみ、窓の下の長椅子に並んで座るか、装具類や燃料タンクの上に陣取った。最後に搭乗したのは、調理人の愛犬、パシャだ。一歳のシベリアンハスキーで、搭乗階段下の滑走路に溶けこもうとあがき、今回の探検に参加する不安を伝えていた。不安な気持ちは、わたしも同じだ。滑走路にのみこまれるのと、このMi‐8で離陸するのと、はたしてどちらがましな運命なのか……。滑走路がどうしてものみこんでくれないことを悟って、パシャは逃げ出した。調理人とパイロットのひとりが機内から降り、煙草を数本吸ったのちにパシャを捕まえて、搭乗階段のなかばまで手荒に押しあげては放し、また捕らえてはなだめすかし、なんとか階段をのぼらせてドアをくぐらせた。ようやく準備完了。数人の歓声とパシャの絶望の遠吠えに包まれて、わたしたちは離陸し、一路、ツンドラをめざした。

体細胞核移植

世界各地にすでに多くの骨が収蔵されているのなら、どうして、わざわざ現地に出かけてさらに見つけようとするのか。どうして、おんぼろヘリコプターや金鉱や白夜や無数の蚊にかかずらうのか。答えは簡単。最高の骨は、ツンドラの凍土から掘り出したばかりの骨なのだ。わたしたちは、一度も解凍されたことがない骨を見つけたい。こうした骨には保存状態が最高の細胞が含まれ、それらの細胞には保存状態がとびきり良好なＤＮＡが含まれる。

氷河時代の動物の遺体化石を探したり、砂金鉱山をうろついたりして北極で夏を過ごす科学者は、わたしたちだけではない。だが自分たちはだれよりも現実的だと自負する。たとえば、わたしたちはクローン作製のための細胞を探しているのではない。クローンの作製には、動物の体細胞――精子でも卵子でもない細胞――を用いるのが通例だが、成功するのはその細胞に無傷のゲノムが含まれている場合だけのようだ。ツンドラの凍土に埋まっていた絶滅種の遺体化石からそういう細胞が回収された事例はこれまでひとつもない。

細胞内のDNAの分解は、死後ただちに始まる。植物や動物の細胞には、DNAを分解する酵素が含まれている。この酵素はヌクレアーゼと呼ばれ、さまざまな部位、たとえば涙や唾液、汗、そして爪の先にさえも存在する。わたしたちが生きているあいだは不可欠の酵素だ。いざ病原体が侵入してきたら、悪さをする前にそれを破壊する。損傷したDNAを取りのぞいて、壊れた箇所を細胞が治せるようにする。そして細胞が死んだあとは、死んだ細胞内のDNAを分解し、効率的に処分できるようにする。まさにこの任務のために、ヌクレアーゼは細胞がもはや生きていなくても活動を続けるよう進化した。だがマンモスのクローン作製プロジェクトには、悲しいお報せだ。

研究室のなかでは、分離したいDNAをヌクレアーゼが分解するのを防ぐために、新鮮な標本を酵素阻害剤の溶液に浸けたり、急速冷凍したりする。北極は寒い土地だが、何かを――とくに、マンモスみたいな大きな物体を――DNAの分解から守れるほど急速に冷凍することはできない。おまけに、ありとあらゆる生命体がヌクレアーゼを生成する。死んだ動物の腐敗しかけた肉体にコロニーを作る細菌や真菌類も例外ではない。というわけで、どんな細胞であろうと、死後かなり経ったあとで無傷のゲノムが完全に残されている可能性はない。そして無傷のゲノムがなければ、マンモスのクローンは誕生しない。つまり、体細胞核移植によるマンモスのクローンは、どうがんばっても生まれようがないのだ。

体細胞核移植という名称は味気ないが、最も有名なヒツジのドリーを生んだのと同じプロセスを

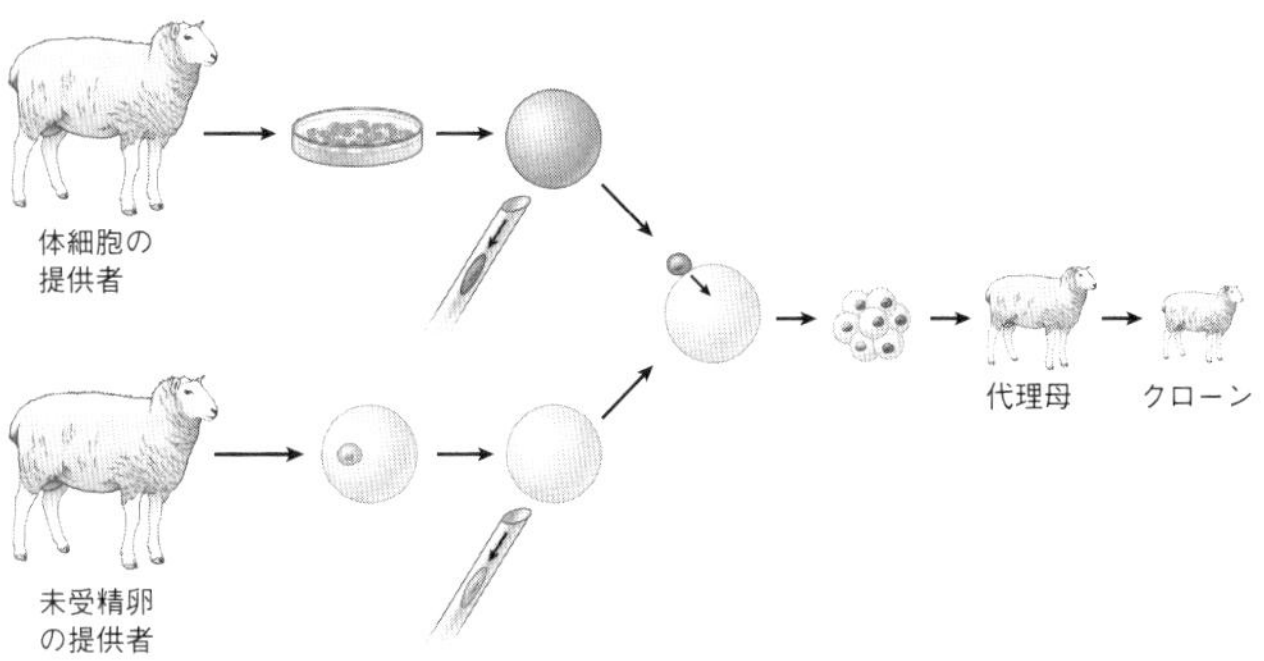

図 16　体細胞核移植、すなわちクローニング技術。体細胞（左上）と未受精卵（左下）が、異なる個体から採取される。それぞれ核が摘出され、除核された卵子に体細胞の核が移植される。電流が流されて、卵子が成長を始める。そして胎芽が代理母に移植されて発達し、体細胞の提供者と同一の遺伝子を持つ複製になる。

示すには的確な表現だろう（図16）。ドリーは、スコットランドのロスリン研究所の科学者たちが一九九六年に作製したクローンだ。科学者たちは、細胞核、つまり細胞のうちゲノムを含む部分を、六歳の雌ヒツジの乳腺から取り出して、用意しておいたべつの雌ヒツジの卵子に挿入した。卵子は順調に育って百パーセント健康な雌ヒツジになった。重要なのは、この体細胞核移植によって複製された雌ヒツジは、乳腺細胞を提供した雌ヒツジと遺伝子が同一で、卵子を提供した代理母の雌ヒツジとは同じ部分がひとつもないことだ。

このプロセスの複雑さを理解するにあたっては、生命体を組織する細胞について基本的な事実をいくつか学ぶ必要がある。わたしたちの肉体は（そして、ほかの生き物の肉体も）、基本的に三種類の細胞からできている。幹細胞、生殖細胞、そして体細胞だ。体のほとんどの細胞、たとえば皮膚細胞や筋肉細胞、心臓の細胞も、この体細胞に分類される。体細胞は二倍体で、ふた組の染色体を持つ――ひと組は母親から、もうひと組は父親から受け継いだものだ。体細胞にはまた、専門化した役割がある。たとえば脳細胞、血液細胞、あるいはドリーを作るのに使われた乳腺細胞といったものだ。では、ふたつめの種類の細胞、生殖細胞はどうだろう。この細胞はいずれも単数体で染色体をひと組しか持たず、のちに配偶子（精子または卵子）になる。通常の有性生殖においては、単数体の配偶子ふたつが受精により融合して倍数体の接合子を生じ、それが胚に発達する。

核移植では、受精と融合の段階は省略される。代わりに、除核と呼ばれる過程において、卵子（生殖細胞）中の単数体のゲノムが取りのぞかれる。その部分に、体細胞（ドリーの事例では、乳腺細胞）の倍数体の核が挿入される。

ほ乳類がふつうに生殖した場合、受精時に生じた接合子に、まったく分化していない細胞が含まれている。この未分化の細胞が、三つめの種類の細胞、すなわち幹細胞だ。どんな種類の細胞にもなりうるので分化全能性幹細胞と呼ばれ、この細胞をもとに生命体をまるごと作製することもできる。幹細胞は、発生が進むにつれて分化する、つまり体内の特定の役割を担うようになる。発生のごく初期では、前述の〝どんな種類の細胞にもなれる能力〟を失ってはいるがまだ完全に専門化された役割は持たない。この段階の細胞は、分化多能性幹細胞と呼ばれる。たとえば、ほ乳類の分化多能性幹細胞は体内のさまざまな細胞になりうるが、胎盤の細胞にだけはなることができない。

この分化多能性幹細胞には、とりわけ治療の観点から科学的な関心が注がれている。幹細胞は分化するさい、あらたな幹細胞を作ることも、専門化した役割を持つ体細胞になることもできる。つまり、損傷した、あるいは病気になった細胞に取って代わる能力があるのだ。幹細胞は発生過程の胚だけでなく、成体のあちこちにある。この成体幹細胞は胚の幹細胞よりも専門化されているとはいえ、組織の修復や補充には欠かせない。医療分野の幹細胞治療の多くが、成体幹細胞を用いたものだ。たとえば造血幹細胞は、さまざまな種類の血液細胞に分化することができ、白血病など多様な血液病の治療に利用されている。

さて、核移植によるクローン作製の話に戻ろう。体細胞は、幹細胞とは異なりきわめて専門化されている。ちがう種類の細胞には分化できない。分化という点では、あくまで最終段階にある。行なうべき特定の仕事を持ち、その仕事がうまく行なえるように細胞のメカニズムが固定化されている。たとえばヒツジの乳腺の体細胞では、乳房の細胞になるタンパク質だけが発現し、したがってそれらのタンパク質を作る遺伝子のスイッチだけが入った状態だ。

体細胞から生物体をまるごと作りあげるためには、この専門的な仕事を〝忘れ〟させて、脱分化させなくてはならない。つまり幹細胞に戻す必要があるのだ。

ドリーはおそらく体細胞核移植によって生まれた最も有名な動物だが、この方法で生み出された最初のクローンではない。一九五〇年代から六〇年代にかけて、オックスフォード大学のジョン・ガードンが、カエルの卵子から核を除去して体細胞の核に置き換えたのち、その卵子が発達してカエルになることを証明した。当時はそのメカニズムがよくわからなかったが、鍵となる観察結果は、卵子がなんらかの形で体細胞核の脱分化を誘引すること――そして体細胞核は、自分がどういう種類の細胞だったのかを忘れてしまう。二〇一二年、ガードンはこの発見によって京都大学の山中伸弥とノーベル賞を共同受賞した。ちなみに山中は、ガードンの実験のあとで、まさに卵子が誘発したこの分化多能性（体細胞核の脱分化）を、試験管内、つまり卵子のなかではなく実験室の培養組織のなかでも、ひと続きの転写因子――特定のDNA配列に結合してどの遺伝子のスイッチをいつ入れるか制御するタンパク質――を加えれば誘発できることを発見した。そうした細胞は、人工多能性幹細胞（induced pluripotent stem cells）、略してiPS細胞と呼ばれている。

核移植はこれまで、ヒツジ、ウシ、ヤギ、シカ、ネコ、イヌ、カエル、フェレット、ウマ、ウサギ、ブタなど多くの生物のクローン作製に用いられている。需要が多い固有の形質を持つ動物のクローン作製も一般的になってきた。インターネットでは、ペットのクローンを作製しますとか、クローン技術で作られた優勝馬の子孫を提供しますといった宣伝が広く行なわれている。そうした選択的クローニングの結果も、そろそろ現れはじめた――二〇一三年末、ポロ競技牝馬《ひんば》セイジの六歳のクローンがアルゼンチン三冠を達成し、ショーやスポーツ向けの動物交配における新時代の先駆けとなったのだ。

とはいえ、核移植によるクローン作製がとくだん効率的なわけではない。ドリーはロスリン研究所が作成した二七七の胚のうち、ただひとつ生き残って誕生した。最初に生まれたクローンのウマ、プロモティと呼ばれる牝馬は、八四一個のうち唯一完全に発生した胚だ。韓国の科学者、黄禹錫《ファン・ウソク》が作成したアフガンハウンドのクローンのスナッピーは、総計一二三頭の代理母に一〇九五個の胚を移植したのち誕生した二頭の子犬の片割れで、この一頭だけが数週間生き延びられた。これら事例のいずれにおいても、科学者たちは体細胞を無限に入手している。すべて生きた動物から採取したものだ。

だが、生きたマンモスは存在しない。

奇跡を求めて

この数十年間に、きわめて保存状態がよい凍った骨を豊富に含む土地が、シベリア、アラスカ、カナダのユーコン準州で次々に発見された。まとめてベーリンジアと呼ばれるこの地域は、更新世にアジアと北米を行き来するための重要な経路だった。ベーリンジア各地で収集された骨の数と種類から推測するに、この地域には更新世のあいだずっと大型動物類——体重が四五キロ以上の動物——が群居していたようだ。ベーリンジアの大型動物類は、埋まっていた永久凍土が荒らされたときに表面に出てくる。永久凍土は、わたしたちが町を築き、町のあいだを結ぶ道路を建設し、砂金を探すのにともない掘り起こされてきた。氷河時代の骨はまた、春の雪解けで毎年発生する川や湖の氾濫など、自然の過程を通じても露出する（図17）。水位の高い急流が川の湾曲部を削り、川沿いの凍った土を浸食して、土中で凍っていた骨をはじめ大型動物類の遺体化石を洗い流すのだ。

タイミル半島の探検では、ベルナールが何時間も地図をにらんで地元民から情報を得たすえに、骨狩りに最適と思われる場所をベースキャンプとして選んだ。わたしたちが幕営した小高い丘の周囲は、ほとんど水に覆われ、ところどころに樹木のない低地ツンドラが顔を出していた。計画では、あまたの湖とそれらをつなぐ水路の周辺部を歩き、露出した骨か牙を探すつもりだった。

わたしは多くの夏を、ベーリンジアで氷河時代の骨を探して過ごしてきた。たいていは、さして

図17　流水が永久凍土を切りひらくにしたがい、凍った生物体の遺体化石が露出する。地質学者の推定によると、およそ60年前に、シベリア北東部のヤナ川近郊に広がる永久凍土地域を小さな水流が切りひらきはじめた。開口部が古代湖に到達したところで、浸食が急速に進み、現在のバタガイ・クレーターが形成された。こうしたあらたな露出地は、ベーリンジアの川沿いでよく見られる。写真提供：ラヴ・ダレン

代わり映えのない日々だ。川や湖に沿って歩きながら浅瀬をのぞきこんだり、操業中の砂金鉱山に入りびたってホースの水が止まるのを待ち、解けたばかりの表土の上に氷河時代の宝物はないか探したり。こうした現地調査で過ごすほぼ毎日が、大豊作だった。

タイミル半島での初日は、不作に終わった。わたしたちは各自、宿泊用テントと調理用テントと〝休息用〟テントを張った（図18）。休息用テントといっても、じつは、ただの枠組みに巨大な蚊帳をつり、血に飢えたやつらの猛攻撃から身を守りつつテーブルのまわりに身を寄せあう空間を作っただけだ。それからボートを膨らませ、いつでも乗りこめるようにした。魚を捕まえる罠をしかけた。いちばん近い湖の岸を調査してみた。米と魚を食べ、到着を祝して乾杯した。ただし骨はひとつも見つからなかった。

図18　野営地の設営風景。蚊の大群が頭上を飛び交うなか、2008年探検隊がテントを設営している。野営地は湖に囲まれた小高い丘の上で、わたしたちはその後数週間かけて湖のすべてをめぐり、マンモスをはじめ氷河時代の動物の遺体化石を探した。写真提供：ベス・シャピロ

二日めもやはり不作だった。わたしたちはボートを進水させ、少しばかり遠くの湖の沿岸を歩いた。胸まである防水ズボンを着用し、勇敢にも凍てつく水の深みへと足を踏み入れた。だが骨はひとつも見つからなかった。キャンプに戻り、それから米と魚の夕食をとった。

三日めもまた不作だった。わたしたちは小グループに分かれて別個に近くの湖を探したが、だれひとり幸運に恵まれなかった。その夜は、蚊を寄せつけない囲いのなかで黙々と米と魚を食べた。わたしの経験では、遠征で三日間過ごしてひとつも骨が見つからなかったことなどない。おそらく全員がそうだろう。北極探検のわくわく感は七〇〇〇〇匹の蚊に嚙まれたあとではほとんど消え失せ、すでにウォッカも底をついた。沈鬱なムードどころではない。あと数週間はこのツンドラで過ごす予定だが、見つかるべき骨がなぜないのか理由がわからず、どうすれ

ばいいのか途方に暮れていた。

そこへ、ふたつのできごとが発生した。まず囲いの外でカサカサという音が聞こえ、見あげると、探検隊の一員ではない男がふたり、散弾銃を手に黙って立っていた。それから、フランス人の夫婦がアイスボックスを開いた。

あらたな希望と黄泉の獣たち

北米の永久凍土よりもシベリアの永久凍土のほうが、堆積物から回収されるミイラの数が多い。もしかしたら、シベリアのマンモス個体群のほうが大きかったか、なんらかの気候的な要素のおかげで北米よりもミイラの保存に適していたのかもしれない。理由はなんであれ、マンモスのミイラが発見されれば必ず動揺が生じる。シベリアのツンドラに住む現地人の多くにとって、その動揺はごく個人的なものだ。なかには、伝承でマンモスを黄泉の獣とみなし、不運な発見者がうっかり触れたら悪運を——死すらも——招くと警告する文化がある。とはいえ、より広い意味では、動揺は胸をときめかせる期待にほかならない。ミイラ化された死骸は、特別な存在——科学者たちが喜んで大金を支払ってくれるかもしれない存在なのだ。

シベリアの凍土から回収されたミイラの一部は、保存が完璧で、無傷の組織や毛髪に加え、CTスキャンや解剖ではっきりと確認できる臓器までも持っている。ところが、奇妙にも、保存状態が最高のミイラですら、含まれるDNAは、骨に保存されていたDNAに比べてたいてい状態が悪い。

考えられる要因のひとつは、ＤＮＡの凍結にかかった時間のちがいだ。死体が捕食者に漁られて肉を食べつくされた場合、肉のない骨はたちまち永久凍土に埋まって凍ってしまうが、ミイラははるかに長いあいだ温かい状態にある。ミイラがゆっくりと凍る間《かん》に、腸管や周辺環境にいる細菌があちこちの組織にコロニーを作り、内部から死体を腐敗させ、同時にＤＮＡを破壊する。

ミイラのＤＮＡ保存の最高記録は驚くほど短いにもかかわらず、死体の肉体部分の保存状態がすばらしくよいと、わたしたちはどうしても、そのＤＮＡも同じくらい保存状態がよいのではないかと期待してしまう。発見のたびに、このミイラこそ、従来の予見を覆してくれるかもしれないと熱い期待を胸にする。そう、このミイラにこそ、無傷のゲノムが入った無傷の核を持つ無傷の細胞があるかもしれない。このミイラにこそ、細胞核移植によるクローン作製のためのドナー細胞が存在するかもしれない。

わたしがはじめてベルナール・ビュイグの名前を聞いたのは、こうしたすばらしい発見のひとつがあった直後だった。一九九九年一〇月、見たところ無傷の細胞と無傷のゲノムが入った無傷の核を持つマンモスがちょうどシベリアのツンドラ上空を飛んだあとのことだ。

古代ＤＮＡの世界で目をみはる研究結果が発表されるたびに、マンモス、恐竜、ドードー復活間近というニュースをまっ先に報じたがるジャーナリストから電話が殺到する。この日、わたしはオックスフォード大学のアラン・クーパーの古代ＤＮＡ研究室で自席にいた。博士課程の学生としてイギリスに移り住んでまだ一カ月足らずのころだ。

電話が鳴り、わたしが受けた。かけてきた人間は矢継ぎばやに質問を浴びせた。それもアメリカ人の耳には聞き慣れないアクセントで。〝ヘリコプター〟〝手持ち削岩機〟〝極低温〟〝牙〟〝シベリア〟という単語はなんとか聞きとれたものの、まともな応答（「せめて二週間以上この問題を扱ってきた人間がいるときに電話をかけなおしていただけませんか」とかなんとか）を差しはさむ間《ま》などない。やがてジャーナリストはひと呼吸おいて、はるかに明瞭な発音で、ヘアドライヤーがマンモスのクローン作製の可能性を損なうか否かについてどう考えるかと意見を求めてきた。

ヘアドライヤーがマンモスのクローン作製に果たす役割についてなら、自分にもきっと意見が言えるはずだ、とわたしは考えた。それに、ゆくゆくはひとかどの古代ＤＮＡ科学者になりたかったので、とにかく意見を述べる前に詳しい説明を求めるべきだと思った。

わかったのは、じきに友人にして仕事仲間となるベルナール・ビュイグら北極探検チームが、ほぼ完全なマンモスのミイラと見られる物体を発掘したということだ。マンモスの細胞を凍ったまま保つための思いきった手段として、彼らは少し腐敗しかけた死骸を条件がよくなる寒い冬まで地中に放置した。その後、凍てつく暗闇で手持ち削岩機と頑丈なシャベルを使って作業し、永久凍土から二万一〇〇〇キログラムの凍った土の塊を切り出して、大型ヘリコプターの下につるす形で三〇〇キロ近い距離を飛行させ、ハタンガにあるベルナールの地下洞窟に運びこんだうえで、いま、ヘアドライヤーでゆっくりと入念に氷を溶かしてマンモスの死骸を取り出そうとしていた。

写真や映像の見栄えがいっそうよくなると判断し、ベルナールはヘリコプターの離陸前にわざわざ（〝独創的な手法〟だと自認しつつ）、頭蓋の近くで見つかった牙を氷の塊の横に突き刺した。そうすれば、ツンドラ上空を飛ぶ氷の箱にマンモスの完全体が収まっているように見える。実のところ、氷に包まれたマンモスの死骸が不完全なことを彼らは知っていた。たとえば頭部は、一部が解けて腐りはじめていたことから、すでに移動させてあった。また、地中探知レーダーを用いて探ったところ、このマンモスが完全体とは言いがたいことが示唆された。だが、彼らは希望を捨てなかった。

発見者である地元住民の名前にちなんでヤルコフと名づけられたこのマンモスは、およそ二万三〇〇〇年前に生きていた。雄の成獣で、体高およそ三メートル、おそらく五〇歳の誕生日を迎える数年前に死亡した。ヤルコフのクローンが作製できるのではないかという期待が、たちまち浮上した。ディスカバリー・チャンネルがとりわけ熱心で、ヤルコフを地表から引っぱり出す劇的な作業に資金を提供した。北アリゾナ大学のマンモス専門家であるラリー・エージェンブロードは、チームの報道発表を通じて、すでに低温学の専門家と〝利用可能なゾウ〟を有する研究室を確保していると報告した。

一年後、ヘアドライヤーによる解凍で、大きな土の塊に保存されたマンモスのほんの一部が露出した。期待はずれなのは、大部分が骨で、ごくわずかな組織と体毛がいくらか付着しているのみだったことだ。無傷の核は発見されず、体毛から抽出されたDNAの短いかけらを用いて完全なミトコンドリアのゲノムが、そして最終的には、マンモスの核ゲノムの一部が組み立てられた。ヤルコフは、クローンが作製されるマンモスの第一号にはならないだろう。とはいえ、地中から掘り出されてツンドラ上空を飛ぶ壮観な姿が、マンモスのクローン作製にとって凍ったマンモスがいかに重要であるかを、一般大衆の頭に刻みつけた。同時に、とにかく見つけなくてはならないのは、全身がそろった完全なミイラだという（誤った）認識も強化された。

ヤルコフマンモスがツンドラ上空を華々しく飛ぶこととなった一年前、入谷明と後藤和文ら日本の科学者チームが、名称に目的がはっきりと謳われた「マンモス復活プロジェクト」を立ちあげた。入谷と後藤は日本で顕微授精に携わり、精子のたくましさにかかわる輝かしい発見をしている。たとえば、ウシとブタから採取して氷点下二〇度まで凍らせた精子は、解凍後に卵子の受精に使用でき、その卵子が申し分なく健康なウシとブタに発達しうることを突きとめた。ジーモフの更新世パークの存在を知ったふたりは、凍ったマンモスの精子がパークの花形をよみがえらせる鍵になるかもしれないと考えた。

マンモスの精子を念頭において、入谷は雄の冷凍マンモスを探すべく何度かシベリア探検に出かけた。それら探検隊を率いたのは、地質学者にしてヤクーツクのマンモス博物館館長、ペトル・ラザレフだ。うまく雄のマンモスの発見に成功したら、入谷と後藤はその精子を採取し、ゾウの卵子を受精させようと計画を立てた。結果として誕生するのは雑種の幼獣であってマンモスのクローンではないので、X染色体を含む精子を用いて雌だけを誕生させる。誕生した雑種の雌が性的に成熟したら、その卵子とほかのマンモスの精子でこしらえた胚を、雌の胎内に入れる。この手法をとれば、わずか五〇年以内に、マンモスのゲノムを八八パーセント持った生物を作り出せるだろう、と入谷は予測した。

一九九七年と九八年のふた夏に遠征を行なったあとで、マンモス復活プロジェクトの資金が底をつき、努力の成果であるマンモスの精子はひとつも得られなかった。

そして二〇〇二年、ユカギルマンモスが発見された。

最初の試み

二〇〇二年の秋、ヴァシリー・ゴロホフはシベリア北部のサハ共和国《ヤクーチア》で牙を探して川沿いを歩いていた。ゴロホフとその息子たちは、とくに保存状態がよいとおぼしき標本の先端を目にし、掘りはじめた。牙のつけ根に到達したとき、まだ頭蓋に付着したままであることが判明した。どうやら頭蓋の大部分らしく、保存状態もすこぶるよくて、一部が皮膚と体毛に覆われているようだ。このあらたな発見の噂はたちまち広まり、競合するグループがそれぞれ現場に到着する手段を急ぎ模索した。ビュイグはシベリア各地に張り巡らせた広範な情報ルートを通じてこの発見を知った。ヤクーツクでは、マンモス博物館のラザレフのもとにも報せが届いた。彼は入谷に連絡し、翌年の秋に発掘を再開する計画を知らせた。だが七四歳の入谷は、高齢のためシベリア遠征にまた出かけるのは無理だと判断した。代わりに、教え子のひとりを派遣することに決めた。

一年後、科学者の国際チームがユカギルマンモスの現場に到着した。ビュイグが率いるそのチームには、入谷の教え子の加藤博己のほか、ペトル・ラザレフ、サンクトペテルブルクの動物学研究所を拠点とするロシア・マンモス委員会の科学幹事、アレクセイ・ティホノフもいた。発掘二年めのこのシーズンで、チームは冷凍状態を保つよう最新の注意を払いつつ、念入りにマンモスの左前肢を回収した。頭蓋と同じく完璧に保存され、やわらかな組織と体毛に覆われていた。

ここで、問題が発生した。競合する日本のチームが浮上し、近く催される二〇〇五年国際博覧会の主要展示物になりそうなマンモスを調達できる者に多額の報酬提供を申し出たのだ。肢は輸出許可が得られず、あげく現地に留まることとなった。加藤は手ぶらで入谷のもとに戻り、マンモスのクローンには一歩も近づけなかった。ラザレフは本分を尽くして、前肢の細胞を少しばかりかすめ獲り、じかに日本の入谷のもとへ運んだが、到着するころには肉の腐敗が始まっていた。

翌年の秋、今回は東京慈恵会医科大学の鈴木直樹が指揮してもう一度遠征が実施されたあと、ユカギルマンモスの全身がツンドラの墓所から動かされた。脊柱と胸郭の一部に加え、糞便の詰まった腸も部分的に回収された。これらの部位を科学的に分析したところ、ユカギルマンモスはおよそ二万二五〇〇年前に四八歳で死んだことが判明した。体重は三五〇〇から四五〇〇キロの範囲で、雄の成体マンモスの平均的重さだ。鈴木が引きつづきユカギルマンモスの日本移送を監督し、移送先でX線CTを用いた徹底的な調査が行なわれて、標本になんら害をおよぼすことなくはじめてマンモスの解剖学的知見が得られた。また、日本滞在中、ユカギルマンモスは愛知県で開催された二〇〇五年国際博覧会（愛知万博）の呼び物となった。

日本での任務を終えたあと、ユカギルマンモスはヤクーツクへ戻され、現在は、市の中心部にある地下洞窟に収蔵されている。冷凍の魚やトナカイなどの食糧が保存されている場所だ。何年か前の夏、わたしはユカギルマンモスをこの目で見る機会を得た。洞窟のはるか奥で、専用の区画に据えられていた。大騒動もむべなるかな、と思える壮麗さだった。とはいえ、きわめて良好な保存状態にもかかわらず、この死骸からは無傷のマンモス細胞はひとつも回収されなかった。

数年前、入谷とそのチームが日本学士院紀要に調査論文を発表し、核移植を用いたマンモスのクローン作製実験について説明している。入谷のチームはラザレフがロシアからなんとか持ち出した前肢の小片から細胞を抽出した。なかには、骨髄に保存されていたとおぼしき細胞もあった。チームは除核したマウスの卵子を用意し、ユカギルマンモスの細胞からどうにか分離した核をそこに挿入した。もし、そのマンモスの細胞に含まれるゲノムがさほど損なわれていなければ、マウスの卵子によってマンモスの体細胞が脱分化して幹細胞になり、そこから発生が始まることが期待された。

だが何も起こらなかった。

より良好なマンモスと保存問題への解決策となりうるもの

二〇〇七年、ネネツ族のトナカイ飼育人であるユーリ・フディの息子三人が、ほぼ完璧に保存された赤ん坊マンモスをシベリア北部のユリベイ川の岸で見つけた。フディはマンモスを手に入れようとしたが、どうやってツンドラから取り出せばいいのか途方に暮れた。マンモスは縁起が悪いとネネツ族は信じている――凍りついた地下世界の闇をさまよう獣だ、と。獣に報復される危険は冒したくないので、フディとその友人は地元の博物館長に何かいい案はないかと相談した。ことの重大さを悟った館長は、地元当局を説得して助っ人を出させた。そして一行がそろってユリベイ川に戻ったとき、赤ちゃんマンモスの姿はなかった。

じつは、フディのいとこが川岸の赤ちゃんマンモスの話を聞きつけて、悪運への不安より幸運への期待に駆りたてられ、意を決して自分ひとりで掘り出したのだ。フディはこの成り行きが気に入らなかった。いとこが近くの町へ向かったという目撃情報を得て、友人とともに追った。町へ到着すると、マンモスが一軒の店舗の壁に立てかけてあり、少し傷んできているように見えた。フディのいとこはマンモスを一年分の食糧とスノーモービル二台と引き換えに店舗の持ち主に売っていた。不運なマンモスは、店舗の持ち主が背中を向けるたびに、地元の犬たちに四肢を少しばかり囓られていた。

この物語はハッピーエンドを迎える。赤ちゃんマンモスは損傷がこれ以上進む前にフディの手に戻り、サレハルドのシェマノフスキー博物館に移送されて安全に保管された。

のちにリューバと名づけられたこの雌のマンモスは、四万二〇〇〇年前に死んだとき生後わずか一カ月だった。保存状態がすこぶるよく、胃のなかにはまだ母乳の痕跡があった。発見からおよそ一年後、ダン・フィッシャー、アレクセイ・ティホノフ、鈴木直樹がロシアのサンクトペテルブルクの実験室で三日間におよぶ長時間の解剖を行なった。肺、口、喉に細かい泥が見つかり、どうやら窒息死したものと推測された。たぶん、ぬかるんだ川を渡る途中だったのだろう。彼らは牙を調べ、体毛中のダニを探し、さらには、ゾウと同じくマンモスの赤ん坊も母親の糞便を摂取して植物を分解する微生物を消化器系に植えつけていることを突きとめた。それから、マンモスのクローン作製に重要なステップとして、なぜリューバがこれほど良好に保存されているのかを発見した。

くだんの不作に終わったタイミル探検隊にも加わっていたダン・フィッシャーが、この疑問を解く鍵を提供した。ダンは口調がやわらかで、マンモスについてじつに豊富な知識を持つ人物だ。とはいえ、関心の対象をマンモスそのものにかぎっているわけではない。人間がいかにマンモスと交流したかについても、おおいに知的好奇心を寄せている。たとえば、マンモスはどう考えても人間が一回で食べきるには大きすぎる。マンモスを狩った人間が現代の冷凍技術がない時代にどうやって肉を保存したか、という問いについてもダンは答えを追究している。

一緒に現地調査をするあいだ、ダンはミシガンの自宅近くで行なった一連の実験のことを話してくれた。生物の死骸を浅い池に保存した場合、食用に適するのはどのくらいの期間なのか、という実験だ。彼はまず、仔ヒツジとシカを屠り、その肉を大学関連の自然保護区にある浅い池の底に重りで固定した。そして二年のあいだ、ときおり肉を引き揚げては腐敗の進み具合を調べた。一九九三年二月中旬のある日、同僚から自然死したばかりの荷馬をもらった。そこであらたな案を思いついた。彼は自分でこしらえた石の道具を用い、五大湖地域でマンモスを狩っていた原住民の技法をできるかぎりまねて、ウマを解体した。冬のさなかで、池は氷に覆われていた。そこで氷に穴をあけ、冷たい水にウマを沈めた。二週間ごとに引き揚げては、肉を少し切り落とし、風味と腐敗の兆候を調べた。六月には、栄養学上の価値はまだ保持していたものの、酸味が進んで、強烈なすえた臭いがした。サンクトペテルブルクでの解剖中、これと同じ強烈なすえた臭いがリューバの死骸から立ちのぼってくることに、ダンは気がついた。

すえた臭いは、乳酸桿菌という細菌が引き起こしたものだ。乳酸桿菌は乳糖をはじめとする糖を乳酸に変える菌で、多くの動物の腸内に自然に発見される。体内の乳酸がリューバをほどよく酢漬けにし、永久凍土のなかで保存して、さらに掘り出されたあとも腐敗から守っていたのだ。

残念ながら、高い酸性度はミイラを酢漬けにするにはいいが、ＤＮＡの保存には向いていない。

ミイラの保存状態はすこぶる良好に見えるが、強い酸性環境が細胞をいちじるしく損ない、無防備なDNAを破壊してしまう。したがって、これらのミイラは――見たところ――クローン作製に向けて無傷な細胞を得る場所として最適に思えるが、じつは、そうした細胞を探すには最悪な場所なのだ。

それでもくじけない科学者は何人もいて、マンモスの遺体化石からクローンを作製する競争は激化するいっぽうだ。各チームはいまだ毎年、マンモスのミイラを探しに出かけている――いずれは、並はずれて保存状態がよく酢漬けになっていないミイラがシベリアのツンドラから出土することを期待して。

釣りあがった報奨とあらたな競争者

二〇〇八年、神戸市の理化学研究所神戸研究所発生・再生科学総合研究センター（現在の多細胞システム形成研究センター）の若山照彦が、氷点下二〇度で一六年間凍らされていたマウスのクローンを作製した。脱絶滅の試みにとって、ふたつの理由からきわめて重要な一歩だ。第一に、若山とそのチームが用いた細胞はどれも、準備を施したマウスの卵子に挿入する前に死んでいた。マンモスを探し求める人々は、核移植の成功のために生きた細胞を見つける必要はないのかもしれない。なぜなら、死んだ細胞でも、ときにはクローン作製にじゅうぶん耐えうるほど損傷の少ないゲノムを持っているからだ。第二に、クローン作製プロトコルに一段階加えれば、核移植の成功確率が増すことが発見された。実験結果から、ゲノムが少しだけ壊れている細胞など一部の細胞は、追加のひと押しをするだけで完全に脱分化させられることが示唆されたのだ。

当初、若山のチームは核移植の標準プロトコルに従った。一度凍らせたマウスの細胞から核を分離し、準備を施したマウスの卵子群に挿入する。それらの多くは発生せずに終わるが、少数ながら発生するものもあり、卵子が一部の体細胞核をリセットできることが示された。だが、完全に発生してマウスに成長することはなかった。数回の細胞分裂のあとでプロセスが失速し、脱分化が完全には成功していないことがうかがわれた。

そこで、彼らはひらめいた。前述のプロセスを繰り返したうえで、わずか数回の細胞分裂ののちに胚の発生を停止させた。そして、発生の兆しを示した細胞群を用い、細胞系と呼ばれるものを作った――実験室で育てられたまったく同一の細胞の巨大コロニーだ。次に、それら発生途中の細胞から除去した核を、あらたに準備を施した卵子に挿入した。この方法であれば、卵子は一度ではなく二度、細胞を初期化《リプログラム》して完全な分化前の幹細胞に変える機会を持てる。科学界が驚いたことに、この方法で作られた胚のうちふたつが発生して、健康なマウスの成獣になった。

入谷らのチームがユカギルマンモスの肢の細胞からクローン作製を試みたのも、この実験結果を踏まえてのことだ。入谷のチームは成功しなかった（マンモスの細胞はどれひとつとして、細胞系を形成するに足る段階まで発生しなかった）が、入谷はあきらめなかった。彼のチームは曲がりなりにもマンモスの細胞から核を分離したのであり、そのこと自体がめざましい成果なのだ。

二〇一一年八月、マンモスの大腿部の骨がサハ共和国で見つかった。保存状態がすこぶるよく、まだやわらかい骨髄が残っていた。発見を受けて、これこそマンモスのクローン作製への道だと確信し、入谷はすかさず自分の計画を復活させた。そして同年一二月、二〇一六年までにマンモスのクローンを作製すると発表した。とはいえ、スケジュール的には、(Ⅰ)翌年(二〇一二年)の現地調査シーズンに保存状態が完璧なマンモスを見つけて、(Ⅱ)そのマンモスからただちに細胞系を確立できなくてはならない。ゾウの妊娠期間が六〇〇日であることを考えれば、彼の計画に失敗が許される余地はなかった。

入谷の発表を世界じゅうのメディアが嬉々として取りあげた。なにしろ〝マンモスのクローン作製は必然だ〟という記事をまたもや掲載する機会が得られたのだから。ところが、とくに好奇心をそそられる反応が、韓国からもたらされた。またひとり、マンモスのクローン作製競争に名乗りをあげる人物が現れたのだ。

二〇一二年三月、秀岩生命工学研究院の黄禹錫が、サハ共和国の極東連邦大学(附属機関にマンモス博物館があり、一九九七年以降ずっと入谷と研究を行なっている大学)と秀岩生命工学研究院があらたに共同研究を行なうこと、黄禹錫自身がマンモスのクローン作製に携わることを鳴り物入りで発表した。このニュースは、極東連邦大学の副学長であるワシーリー・ワシリーエフと黄が公式文書とおぼしき書類越しに笑顔で握手を交わす写真とともに、いっきに拡散した。ほぼ直後に、『モスクワ・ニューズ』紙が事実を明確にした。情報源は明かさずに、はっきりした強い表現で、ロシア科学アカデミーはたしかにマンモスのクローン作製を計画しているが、入谷と近畿大学のチームとの共同研究であり、黄とではないと断言したのだ。

耳目を引くクローン作製プロジェクトに黄が関与する発表は、複雑な感情交じりの反応を引き出した。それも無理はない。本章の冒頭部で、彼が最初のクローン犬、スナッピーを生み出したことに触れた。とはいえ、よく知られているのは、人間のクローン作製研究のほうだ。二〇〇〇年代前半、黄はソウル大学でヒト幹細胞の最先端研究を行なう研究グループを率いていた。二〇〇四年と二〇〇五年、彼のグループはきわめて画期的なふたつの論文を発表した。一本めの論文は、ヒトクローン胚から胚性幹細胞をはじめて作製したことを、二本めは、遺伝子的に特定の人間に適合するように幹細胞を作ったことを主張していた。いずれも生物医学の研究におけるめざましい進歩だ。黄は韓国内で国民的英雄として広く称えられた。ところが、やがて壁ががらがらと崩れだした。二〇〇六年、データの改ざんが発覚したのちに、黄はふたつの論文を取りさげた。そして大学での職を失い、幹細胞研究を行なう認可を取り消された。また、詐欺、業務上横領、生命倫理法違反の罪で起訴され、最終的に後者のふたつで有罪となった。

黄の公判は、二〇〇六年から〇九年まで三年間続いた。この期間中に、彼は秀岩生命工学研究院に加わり、動物のクローン作製に焦点を移して研究を続けた。秀岩生命工学研究院がはじめてマンモスのクローン作製計画を公式に示したのは、二〇一二年、極東連邦大学との共同研究を発表したときのことだ。とはいえ、そのころにはすでに、黄の関心の対象ははっきりと確立されていた。二〇〇六年の公判中、黄はなぜ研究費の文書記録の多くがファイルから消えているのかを説明した。最高のマンモスの死骸を手に入れるために、ロシアのマフィアに大金を払う必要があったのだ、と。

二〇一二年の秋、大々的な発表を行なったのちに、黄禹錫とその教え子の黄仁成《ファン・インソン》は極東連邦大学のセミヨン・グリゴリエフが率いる遠征隊に参加し、ヤナ川流域で三週間かけてクローン作製に適したマンモスを探した。この旅のもようはロンドンのドキュメンタリー制作会社によってナショナル・ジオグラフィック・チャンネルのために撮影され、秀岩のプロジェクトを最初から最後……ではなく、最初だけ記録に収めた。遠征隊はマンモスのミイラは発見できなかったが、現地調査から戻るなり、ことのほか保存状態のよい皮膚の断片が凍土に埋まっていることを知らされた。なんと、その皮膚には無傷の核を持った細胞がありそうだという。

この遠征旅行の数週間前、くだんの制作会社がわたしに、遺伝子学の専門家として遠征隊に参加してくれないかと打診してきた。残念ながら、わたしは（次男の出産のため）遠出ができず、友人にして仕事仲間であるラヴ・ダレンを推薦した。スウェーデンの自然史博物館で古代ＤＮＡ研究室の室長を務める人物だ。彼はのちに、このドキュメンタリーがやや色褪せて見える顚末を語ってくれた。その話によると、チームは遠征を始める前からすでにどこでマンモスを探せばいいのかを知っていた。じつはシーズンのはじめに、ヤクート人のマンモス探索人たちが川沿いで牙を探した。その一環として、高圧水を用いて川岸の永久凍土に長いトンネルをいくつも穿ってきた。そうしたトンネルの奥に、完璧に保存された赤ちゃんマンモスが見つかった。そのマンモス——当然ながら、出土してすぐに遭遇した人々がすでに持ち去っていたせいで、牙はなかった——はその場に残され、番組のために、のちほど掘り出される予定になっていた。不運にも、遠征隊が到着して撮影が始まるころには、季節終盤の雨と氾濫で当のトンネルが崩壊しており、遠征隊と撮影隊の混合チームはどこでもいいから番組で使えそうな何かがあるトンネルを探した。くだんの皮膚の断片は、黄仁成が見つけた。危険だと忠告する保安職員の制止をふりきって穴にもぐりこみ、奥のほうで皮膚の断片を目にした瞬間、トンネルが崩れるぞという声が外から届いた。一瞬の絶望的なパニックののち、勇敢にもトンネルに入っていた人々が姿を現して、重さ数千キロの凍土に押しつぶされるのをかろうじて免れた。

彼らが見つけたマンモスの皮膚のかけらには、無傷の核を含む細胞があったのだろうか。かもしれない。永久凍土に保存されていた遺体化石の場合、細胞質らしきものを見つけることはそうめずらしいことではない。では、細胞内のゲノムはクローンの作製に使えるほど損傷が少なかっただろうか。それは疑わしい。ラヴは副次標本をストックホルムに持ち帰ることができたので、DNAを抽出して増幅してみた。その皮膚はたしかに、マンモスのものだと確認された。だが、増幅できたDNAのかけらは長くてもおよそ八〇〇ヌクレオチド長だった。古代DNAとしては相当長いかけらで（永久凍土に保存されていた標本から採取された場合、平均の長さはわずか七ヌクレオチド長にすぎない）、そのことからも、この標本の保存状態がすこぶるよかったことがうかがえる。とはいえ、八〇〇ヌクレオチド長というのは、無傷の染色体の長さには遠くおよばない。

二〇一三年の夏、マンモスの死骸の一部があらたに、ノヴォシビルスク諸島マールィ・リャホフスキー島の湖で発見された。目をみはる発見だった。マンモスの露出部分は腐りはじめていたが、ほかは保存状態がきわめて良好で、まるで新鮮な肉のように見えた。とくに好奇心をそそられるのは、いかにも血液とおぼしき深紅色の物質が、死体の下の凍土に見つかったことだ。（わたしを含めた）専門家の大半は、この物質がほんとうに血液なのかおおいに懐疑的だが――この標本が回収されたのと同じ条件下で、血液を持つ動物が凍らずにいられるとは思えないのだ——では、この物質がなんであるかについて決定的な研究結果はまだ出ていない。標本は凍ったまま保たれ、現在はヤクーツクで世界じゅうの科学者によって調査されている。

この最新のマンモスは、発見した遠征隊を率いるセミヨン・グリゴリエフが述べたと伝えられるとおり、はたして〝古生物学史上最も保存状態が良好なマンモス〟なのだろうか。ダン・フィッシャーはこの標本を最初に調べたひとりで、たしかに申し分なく良好な保存状態だと認めている。無傷の核を含むほど良好かどうかについては、結果を待つしかない。わたしはいまだ懐疑的だ。

そして探索は続く

例の不運なタイミル探検三日めにわたしたちの囲いの外に突然現れたふたりの人間は、ヤルコフ——一九九七年にヤルコフマンモスを発見してベルナールに報せてくれた一家——の親戚であることがわかった。タイミル地方のこのあたりの先住民族で、ドルガン族と呼ばれている人々だ。銃を持った見知らぬ人間がふいに現れて心臓が止まりそうになったのを必死にとり繕うわたしたちを尻目に、ベルナールはふたりを囲いに招き入れて、温かい握手と挨拶の軽いキスを交わした。どうやらベルナールはシベリアじゅうの人間を知っているらしい。

ドルガン族はトナカイを飼う遊牧民だ。夏の数カ月のあいだツンドラを動きまわって、大きな群れに草を食べさせている。一箇所に数週間留まり、トナカイがあたりの草をすべて食べつくしたら、荷物をまとめて次の土地に移動する。その過程で、はからずも地域のあちこちを詳しく知ることになる。もし、春に解けた凍土から骨、牙、またはマンモスのミイラが露出したなら、すでにドルガン族が知っているはずだ。わたしたちのもとを訪れたふたりは、数日前、ヘリコプターが飛んでいるのを見て、何が起きたのか不審に思った。そこで、一族の残りの人間が荷物をまとめて次の土地へ移動するさい、わたしたちを探しに来たのだという。

彼らの急襲による当初のショックが引くと、遠征隊メンバーにのしかかっていた重い空気が晴れはじめ、次は何が起こるのかというおなじみの期待感に代わった。ふたりが食べられるだけ魚と米をふるまい、ウォツカがないことを謝罪した。フランス人夫婦がアイスボックスを開いてふたつの大きなチーズ――人間の頭ほどの大きさがあるゴーダチーズと、ゆうに三キロはありそうなブリーチーズ――を取り出してみせると、メンバー全員が大笑いした。もちろん、シベリアで孤軍奮闘するフランス人一家は、チーズのぎっしり詰まったアイスボックスを携行しているものだ。パシャはといえば、鼻先を蚊の攻撃から守りたくて必死に囲いに顔を突っこもうとしていたが、匂いを嗅ぎつけて尻尾をツンドラの大地に打ちつけた。なんとも滑稽な光景だが、まだ遠征のわずか三日めなのだ。

その夜はドルガン族の男たちを野営地に引きとめ、翌朝、船外機つきのゴムボートで家族のもとへ送った。一族はわたしたちをもてなしてくれた。みんなで天候について語りあい、フランスのチーズを分けあい、彼らの干し魚を食べた。わたしたちは、だれか次々に骨を産出する土地を知る人はいないかと尋ねた。彼らはいくつか心当たりはあるが、どれも不確実だと答えた。それから荷造りを終え、家と用具類をトナカイにつないで、ツンドラの次の停留地に向けて出発した。

その夏は結局、マンモスの骨のかけらを数個と、無傷だが保存状態がよくないウマ、ステップバイソン、ケブカサイの骨を見つけただけだった。のちに、わたしたちが探索していた地域は、更新世のあいだほぼずっと氷に覆われていたことを知った。どうりで、遠征が成功しなかったわけだ。幸いにも、イアンとわたしはシベリアを発つ前に、前年の遠征旅行で集められてハタンガのベルナールの基地に保管してあったすこぶる保存状態がよい骨の標本をいくつか入手できたので、この旅は完全に無駄にはならなかった。

入手した骨には、無傷のゲノムは含まれていなかった。だが安心してほしい。完璧に保存されたゲノムは必ずしも脱絶滅に必要不可欠ではないのだ。

第5章

交配で戻す

というわけで、マンモスのクローン作製は実現しそうにない。最後のマンモスがウランゲリ島を闊歩したときから三七〇〇年後の今日までずっと無傷で生きつづけているゲノムは存在しない。その細胞を分化多能性幹細胞に変えられるくらい修復できるマンモスの染色体は見つからないだろう。わたしの考えでは、シベリアの奥地までいかに旅を重ねようと、永久凍土にいかに多くのトンネルを穿とうと意味がない。どうあっても実現できないのだ。

ならば、わたしたちはあきらめるべきなのか。尻尾を両脚にはさんですごすごと立ち去るのか。休息用テントに戻り、蚊まみれの米粥に涙をしとどに落とすのか。まさか、とんでもない！　実のところ、申し分なく理にかない、申し分なく実現可能なマンモスの復活方法があるのだ。いや、マンモスっぽいものの復活方法というべきか。ともあれ、いまはまだ語義について議論すべきではない。まずは、科学の話をしよう。

現時点で、絶滅種をよみがえらせる手法として実現可能なものはふたつある。ひとつは、あまりに単純すぎて、おそらくほとんどの人は脱絶滅の文脈で考えたことがないだろう。もうひとつは、もっと魔術的になる。わたしの言う〝魔術的〟とは、〝長年のあいだにこのうえなく遂げた科学の進歩〟という部類の魔術だ。まずは、単純なほうの手法から説明しよう。

絶滅種をよみがえらせるために今日使用できる技術を、わたしたちの種は二万〜三万年前に体得しはじめた。家畜化――わたしたちの必要性や欲求に添うよう進化の道筋を変えること――の形跡を示す最古の遺伝的、考古学的証拠が、このころのものなのだ。この手法は過度に洗練されてはいないし、基本的な進化生物学をそこそこ理解していればこと足りる。利用されるのは、おもに三つの事実だ。一、個体を特徴づける身体的、行動的な特性――個体の表現型――は、その個体のゲノム配列――遺伝子型――および、遺伝子型と環境の相互作用によって決定される。二、遺伝子型は親から子へと受け継がれる。三、自然選択は個体群中のさまざまな遺伝子型の相対頻度を変えうる。野生環境下では、周囲の環境に適応している遺伝子型が、同じ環境にさほど適応していない遺伝子型よりも多くなる。

マンモスをよみがえらせるには、ほかならぬ自然が行なう遺伝子工学の過程を利用すればいい。わたしたちはただ、最も毛深くて、最も寒さに耐性がある既存のゾウを何頭か見つけて、それらを互いに交配するだけ。数世代も経てば、ＤＮＡ配列の解析技術にいっさい頼ることなく、シベリアで生息できるゾウを生み出せるだろう。

戻し交配

ヘンリ・ケルクデイク＝オッテンはウシを愛するオランダ在住の友人で、とくに熱愛するのは、肉の味がいいとも悪いともわからず、おそらく搾乳をいやがりそうな凶暴なウシだ。つまり、オーロックスをこよなく愛している。ヘンリにとっては残念ながら、オーロックスは十七世紀なかばに絶滅して久しい。

だが、ヘンリには計画がある。核移植ではなく選択的交配（品種改良）を用いて、最愛のオーロックスを絶滅からよみがえらせるのだ。古代オーロックスを偲ばせる身体的、行動的特性を持つ動物を慎重に選んでかけあわせていけば、オーロックスを創造できるのではないかと、彼は期待する。雌ウシと雄ウシをともに選んでつがわせる過程を数世代続けたら、オーロックス（または、少なくとも見かけがオーロックスに近いウシ）の群れがよみがえるだろう。そしてオランダの草原地帯を自由に歩きまわり、あちこちに生えているチューリップを食べておそらくは繁栄する。

オーロックスは家畜化されたウシの野生の祖先に当たる。およそ一万年前、近東と南アジアに住む人類の個体群が農耕を開始し、野生のオーロックスを馴らしはじめた。やがて、家畜ウシ（イエウシ）の主要二種が生まれた――コブなし畜牛とコブのあるゼビューだ。今日、コブなし畜牛は世界各地に広く分布し、なかにはホルスタイン、アンガス、ヘレフォードといった聞き覚えのある品種が存在する。コブウシは、コブなし畜牛よりも暑い気候で生存できるよう適応したおかげで、熱帯で飼われることが多い。イエウシはオーロックスの子孫なので、野生のオーロックスに存在していた遺伝的多様性の大半が、いまなお現存種のイエウシに存在するものと思われる。だが、おそらく、さまざまな品種に散らばっているだろう。オーロックスを再作製するためには、現存のコブウシやコブなしの畜牛に見られるオーロックス的な特性をすべて集め、ひとつの新しい系統にまとめなくてはならない。最終的にできあがったウシは、純血種のオーロックスと同じゲノム配列を持たないが、それでも見かけはオーロックスに似ている。

はじめて人類が行なった遺伝子工学の実験は、オオカミの遺伝子操作をともなうものだった。三万年前という遠い昔にヨーロッパに住んでいたタイリクオオカミ（ハイイロオオカミ）だ。この時期すでに家畜化されたイヌがいたことを示唆する証拠がある。考古学遺跡から出土した骨で、タイリクオオカミのものに似てはいるが異なる。これらイヌの家畜化の初期段階は、当然ながら本格的な遺伝子工学の実験とは言えない。むしろ、人類に耐性があるオオカミと、オオカミに耐性がある人類が、互いに密接にかかわることで利益を得ている状態だ。わが家の愛犬たちと同じく、これら初期のイヌも残飯にありつくという恩恵を受けていた。初期のイヌのそばで暮らす人間には、迫りくる危険について早々に警告してもらえるという恩恵があった――同様に、わたしも郵便が来たことを知るという恩恵を愛犬から受けている。このような共生がひとたび確立したところで、人間が遺伝子工学を活用しはじめた。今日では、大型イヌ、小型イヌ、強いイヌ、毛がふわふわのイヌ、脚が短いイヌ、耳が長いイヌ、狩りをするイヌ、家畜番をするイヌ、雪崩に埋まった人々を探せるイヌ、体の不自由な人の生活を補助するイヌ、ヒョウ柄のバッグに入れて雑貨店へ連れていけるイヌなど、じつに多種多様に存在する。

ヘンリとその同僚たちは、ウシの家畜化の過程を逆行させる計画を立てている。家畜の特性——たとえば、人に馴れて扱いやすいなど——を交配で得るのではなく、イエウシの野生の祖先を再創造するのが目的だ。より〝原始的な〟品種——マレンマナやモロネサ、オランダのふたつの品種、リミアとサヤフエサなど——から始めて、オーロックスの身体的、行動的特性を獲得できる選択的交配プログラムを開発し、あらたなイエウシの品種を生み出していく。この過程は〝戻し交配〟と呼ばれ、名称から最終目標がはっきりうかがえる——すなわち、かつて存在し、願わくば現存種の個体の遺伝子プールにまだ残っていてほしい形質を交配で取りもどすことだ。

今日の試みは、オーロックスの戻し交配として最初のものではない。一九二〇年代から三〇年代にかけて、それぞれミュンヘン動物園とベルリン動物園の園長だったハインツとルッツのヘック兄弟が、オーロックスの再創造を指示された。指示を出したのはヘルマン・ゲーリングで、熱心な狩人として、ローマ民族の伝統的な狩りの獲物を再創造したかったようだと言われている（戻し交配の最初の試みがナチスによるものだったと考えると気分がよくないが、研究の動機を解釈するにあたって時期を無視することはできない）。ヘック兄弟は同じ目標に向かって進んだが、実験は個別に実施した。それぞれ異なるイエウシの品種を選び、異なる交配を行なったのだ。当時、オーロックスの科学的な復元模型はなかったので、兄弟のいずれも、オーロックスが実際にどういう外観だったのかよく知らずにいた。

一九三二年、ハインツ・ヘックは戻し交配実験を成功させたと宣言した。オーロックスはかくあるべしと自分が思うものに外観が似ていてオーロックスと呼べそうな雄ウシが誕生したのだ。ハインツの記録によると（その雄ウシの誕生後、彼は記録をつけるのをやめている）、誕生した雄ウシは七五パーセントがコルシカウシで、残りの二五パーセントがハイイロウシ、およびスコティッシュ・ハイランド、ポドリック・グレイ、アンゲルン、ブラック・パイド・ローランドの雑種だった。この雄ウシの誕生後も選択的な交配は続けられ、最終的に、今日ヘックウシとして知られる品種が誕生した。現在はおよそ二〇〇〇頭のヘックウシが存在し、動物園で暮らしたり、牧草地を悠然と歩きまわったりしている。その大半がヨーロッパだ。

ヘックウシは、はたしてオーロックスなのだろうか。たしかに見かけは原始的で、（ヘック兄弟のように）本物の野生オーロックスの正確な復元模型を見たことがない人物はとくにそう感じるだろう。黒っぽい被毛、長くて曲がった角という、野生オーロックスにまちがいなく見られるふたつの特徴を、ヘックウシも持っている。また、ほかの家畜品種よりも耐寒性があり、餌が比較的少ない環境下でも生存できる――たぶん野生の祖先も更新世の氷期にそうだったように。だが、類似点はここまでだ。ヘックウシはイエウシとしては大型だが、平均的なオーロックスほど大きくはない。ヘックウシの雄は肩高およそ一・四メートル、重さ六〇〇キロ。かたやオーロックスの雄は肩高およそ二メートルと、平均的なヨーロッパ人男性の身長より高い。また、ヘックウシの雄の毛色は、わたしたちがオーロックスの形質と信じるものに近いが、雌の毛色はオーロックスの雌よりも色が明るめで多様性がある。体型もオーロックスとは異なり、なんといっても小さいうえに、コブなしの畜牛がすべてそうであるとおり、野生の祖先のような隆起した首の筋組織を持たない。最後に、ヘックウシの角は、たしかにイエウシの品種よりも長いが、形状と湾曲のしかたがオーロックスとはやや異なる。湾曲部が頭に近すぎるし、先端が外に向きすぎているのだ。

以上から、ヘック兄弟は成功を収めたとは言いがたいと結論づけられるだろう。だが、だからといって、現在の戻し交配プロジェクトが失敗するよう運命づけられているわけではない。今日のわたしたちは二十世紀のヘック兄弟より、オーロックスの形質のなんたるかをはるかに多く知っている。さまざまな品種の表現型について多くの記述があるし、これら品種の気質についても理解が進んできた。どの品種が最も原始的かを決めるための遺伝子データも豊富に存在する。さらに、本物のオーロックスから採取した古代ＤＮＡのデータもある。これらのデータをすべて用いれば、戻し交配に利用する個体をより科学的に正しく選べるはずだし、いずれは野生のオーロックスにもっと似た動物が誕生するはずだ。

もちろん、その動物はほんとうはオーロックスではない。そう、厳密な意味ではちがう。選択的交配は、望ましい表現型を示す個体どうしをかけあわせて、その表現型を次世代に複製しようとする試みだ。ところが、表現型は遺伝子型と環境の相互作用でもたらされる。オーロックスに似た形質をコードする遺伝子は、偶然によって少しずつ集まっていく。配偶子――発生して次世代になる精子または卵子の細胞――は形成されるときに、それぞれ両親のゲノムの混合版《シャッフル》を持つことになる。この遺伝子のシャッフルは〝組み換え〟と呼ばれ、個体群のなかで遺伝子の多様性を生む重要な過程となっている。組み換えによって、母親の染色体の遺伝子または遺伝子の一部が父親の染色体に混ざりこみ、父親の染色体についても同様のことが起こる。精子または卵子は、形成されるときに母親のＤＮＡの一部と父親のＤＮＡの一部を取りこむわけだ。選択したい表現型が母親の遺伝子によってコードされるのに、受精卵のその部分が父親の遺伝子だった場合、わたしたちがいかに最善を尽くそうと、産まれる子は望む表現型を示さない。

　わたしたちは選択的交配で特定の形質をひとつの系統にまとめる過程をうながせるが、どの配偶子が発生して次の世代になるか選ぶことはできない。結果的に、しかるべき遺伝子を獲得して望みどおりの表現型を示す子もいれば、そうでない子もいる。だからといって成功が望めないわけではない。ただし歩みはのろいだろう。複数の形質を同時に選ぶ場合はとくにむずかしい。それぞれの形質に対応する遺伝子が、偶然にも同じ受精卵に存在しなくてはならないからだ。こうした短所はあっても、選択的交配は強力な手段であり、これまでの人類の歴史においてそうありつづけてきた。日々目にするさまざまな栽培植物や家畜がその証拠だ。したがって、じゅうぶんな時間と資源と忍耐力があれば、選択的交配で最低でも野生オーロックスの形質の一部はおそらく回復できそうだ。

　オーロックスの戻し交配が進めば、生まれる動物は身体も行動もしだいにオーロックスに似てくるだろう。もちろん、オーロックスの形質のうち、たとえば一定の形質をコードするＤＮＡ配列が失われてしまったとか、その形質がもはや存在しない環境と遺伝子の相互作用のなせるわざだったという理由で、現存の家畜品種からはけっして復活させられないものもあるはずだ。（わたしを含めた）一部の人間は、これは必ずしも大きな問題ではないと主張する――オーロックスの生態的地位を部分的にでも埋められるならこの試みは成功である、と。だが、脱絶滅の純粋主義者は戻し交配による産物をよしとしないだろう。なにしろ、それはあらたな品種であって、古い品種ではないのだから。オーロックス2・0は、オーロックスにはなり得ない。ともあれ、厳密な意味では。

単純なのはいいこと?

脱絶滅の手段として戻し交配がすぐれている点は、分子生物学の技術にほとんど依存していないことだ。ゲノムの配列を決定する必要も、遺伝子を突きとめる必要も、遺伝的変異を特定の形質に結びつける必要もない。ひとつの形からべつの形へのゆるやかな変化は、胚性幹細胞がなくても、実験室で長々と過ごさずとも、ちゃんと起こる。そして実験結果は質的に検証される――オーロックスにより似ているか否かによって。

こうした戻し交配の単純さは、しかし、欠点にもなりうる。黒っぽい被毛の色、前を向いた長い角、屈強な首と肩の筋組織といった形質は、選択的交配を数世代行なえば発現するかもしれないが、発現したこれらの形質をコードする遺伝子は、絶滅種の同じ形質をコードしていた遺伝子とはたぶんちがうだろう。

この事実は、はたして問題になるのか。前を向いた長い角をわたしたちが欲しがり、誕生したウシに前を向いた長い角があるなら、どの遺伝子がそれを発生させているかなど問題にならないのでは? いや、なるかもしれない。遺伝子は必ずしも、ひとつの機能しか持たないわけではない。曲がった角をこしらえる遺伝子は、わたしたちが欲しくないウシの表現型ももたらす可能性がある。たとえば頭蓋を少しばかりちがう形にしたり、ひづめの形状や肌理《きめ》になんらかの影響をおよぼしたり。そのうえ、遺伝子は単独ではなく、その細胞内で発現するべつの遺伝子と呼応して働く。

生物学の入門講義では、遺伝子間の相互作用の例として、ウマの被毛の色が決定されるしくみが挙げられる。ウマの場合、被毛が赤になるか黒になるかを決める遺伝子はひとつだけで、優性の対立遺伝子が黒い被毛を生じ、劣性の対立遺伝子が赤い被毛を生じる。もし、この遺伝子が単独で働くなら、優性対立遺伝子をふたつ、または優性と劣性の対立遺伝子をひとつずつ持つ個体は被毛が黒くなり、劣性対立遺伝子をふたつ持つ個体は被毛が赤くなるだろう。ところが、赤毛または赤っぽい毛のウマにはさまざまなタイプがある。べつの遺伝子――クリーム様希釈遺伝子――が赤毛の対立遺伝子の表現に変更を加えるからだ。劣性の赤毛の対立遺伝子をふたつ持つウマは、クリーム様希釈遺伝子をいくつ持つかによって、体毛が栗色、黄金色《パロミノ》、さらには白色やクリーム色にもなる。

遺伝子間の相互作用はすべてが知られてはおらず、はっきり理解されているものにいたってはごくわずかだが、それでも、選択的交配で特定の形質を実現させるのは不可能ではない。何世代にもわたって戻し交配を行ない、さまざまな個体や品種を用いて多様な交配を試していけば、いずれは遺伝子の適切な組み合わせが、いや、少なくとも適切な表現型をもたらす遺伝子の組み合わせが見つかるだろう。どのくらい時間がかかるかは、たとえば選んだ形質がいくつあるか、その動物の交配がどのくらい容易か、ひとつの世代から次の世代に移る長さはどのくらいか、といった複数の要素に左右される。

成功するにはペースが遅すぎるか

ウシの世代時間はほかの種にくらべて短い。雌ウシは一歳から二歳のあいだに初交配が可能で、妊娠期間はおよそ九カ月。選択的交配された個体は、誕生から発育して成獣になり妊娠して次世代を産むまで、わずか二年〜三年でこなせる。猛スピードではないにせよ、ウシの選択的交配プログラムはそこそこ迅速に進むことが予想される。

脱絶滅のほかの候補については、ウシよりもはるかに進捗が遅くなるだろう。たとえば、雄のゾウは一〇歳から一五歳のあいだに精子を作りはじめ、野生環境下の雌のゾウは一二歳くらいではじめて妊娠する。妊娠期間は二〇〜二二カ月だ。つまり、選択的交配による最初の子が誕生してからその子が次の世代を産めるまで一四年間待たされることになる。このペースでは、人間が一生かけてもわずか五世代しか作り出せない。もっとよい方法があってしかるべきだ。

もちろん、よい方法はある。選択的交配で形質をひとつの系統に入れる時間を最短にする簡単な方法は、次世代の個体すべてが確実に標的の形質を持つようにすることだ。戻し交配では、両親から生まれた子が標的の形質または形質群を受け継ぐかどうかはっきりせず、すべてを持たせることはできない。だが、新しい技術――とくにゲノム工学技術、すなわち、前章で述べた二番めに実現可能な（そして、より魔術的な）脱絶滅の道筋をあと押しする技術――のおかげで、いまやゲノムをじかに編集することが可能になった。細胞内のＤＮＡ配列を操作し、その細胞を用いて現存種の個体を作製すれば、標的の形質を次世代に確実に発現させられる。絶滅した形質を現存種のなかによみがえらせる過程全体を、はるかに速く効率的に進められるのだ。

たとえば、マンモスのヘモグロビン——肺の酸素を吸収し、循環系を通じて体の残りの部位へ酸素を配る赤血球内のタンパク質——と、ゾウのヘモグロビンには、遺伝子的にわずか四つの変異しかないことを、わたしたちは知っている。この四つのちがいで性能が変わった結果、マンモス版のヘモグロビンは体温がかなり低くてもゾウ版より酸素を効率的に運べるようになった（考えてみてほしい、マンモスの足は雪のなかに立っているのだ）。

ヘモグロビン遺伝子のマンモス版を持つ現存のゾウはまず見つからない。マンモスと現存のゾウの共通祖先は熱帯地方に生息していたわけで、寒冷地生活への適応は、マンモスの系統がアジアゾウの系統から枝分かれしたのちに起こった。マンモスが残らず死に絶えた以上、マンモス版のこの遺伝子を持つ生きた個体は一頭も存在しない。マンモスのヘモグロビンを作れるゾウを創造するには、マンモス版遺伝子をゼロから作製し、ゾウの細胞に挿入する必要がある。わたしたちはいま、これを行なえるのだ。

第6章 ゲノムを復元する

二〇一〇年、J・クレイグ・ヴェンターはゼロから生命を創造した。彼のチームはごく小さな自由生活細菌の完全なゲノムを合成し、〝マイコプラズマ・ミコイデスJCVI-syn1.0〟と名づけた。そして、ゲノムを除去しておいた受け入れ細胞にこれを移植した。彼らはこのゲノムが機能して細胞が複製されるよう、必要な遺伝子をすべてつなぎあわせただけでなく（ゲノムはちゃんと機能したし、細胞はちゃんと複製された）、合成ゲノムを複製元の天然ゲノムと見分けるために〝透かし〟配列を加えた――プロジェクトにかかわった研究者たちの名前を遺伝子コード化したものだ。

ヴェンターのチームは生命創造のプロセスを、既存のマイコプラズマ・ミコイデスという細菌のゲノム配列を完全に調べることから始めた。デジタル化されたこのゲノムは、コンピューターのハードディスク内のファイルに保存された文字列にすぎないが、生命を構築するための青写真となった。一〇〇万塩基対あまりと短いこと、成長が速いことを理由に、彼らはこの細菌のゲノムを選んだ。成長が速ければ、実験の完了までにさして時間がかからない。

一〇〇万塩基対というのは、細菌のなかでもごく小さなゲノムだ。とはいえ、一度に全体を合成できるほど小さくはない。実験室でDNAの鎖を作製する場合、機械がヌクレオチド――ゲノムを構成するA、C、G、T――をひとつずつ順番につなぎあわせていく。鎖が長ければ長いほど、合成の最中に生じるまちがいの数も増える。生き延びて複製できる細菌にしたいなら、合成ゲノムを可能なかぎり青写真のゲノムと同じにしなくてはならない。

長い鎖を合成するときの問題点を回避するために、ヴェンダーのチームは完全なゲノム構築にいたる四段階のプロセスを設計した。まず、一度に一塩基対ずつ合成し、長さが一〇八〇塩基対のDNAの断片を一〇七八個作る。この断片は実験室で確実に構築できる短さであると同時に、正しくつなげて最終形のゲノムにもっていけるよう固有の識別情報を持たせるだけの長さはある。次に、青写真のゲノムで互いに隣接しあう断片を一度に一〇個ずつ酵母菌の細胞に挿入し、酵母菌の細胞メカニズムを利用してそれらをつなぎあわせる。この過程で、長さおよそ一万塩基対のDNAの断片が一〇〇個できる。三段階めで、これらの断片を一度に一〇個ずつつなぎあわせ、およそ一〇万塩基対の長さの断片を一一個作る。最後に、これら一一個の断片をつなぎあわせて、長さが一〇〇万塩基対の細菌ゲノムをひとつ作りあげるというわけだ。このゲノムを酵母菌の細胞から取り出して細菌の細胞に挿入したところ、生命に必要なすべてのタンパク質を生成しはじめた。全過程には一五年の歳月と、四〇〇〇万米ドル超の費用がかかった。

合成生命を最初に生み出したことは、途方もない偉業だ。とはいえ、マンモスやリョコウバトの作製には一歩も近づいていない。第一に、細菌は原核生物であり、細胞核を持たない。だからこそ、ヴェンターとそのチームは、生命創造プロセスにおいて重要でありながらいまだ未解決の過程を省くことができた。つまり、個々の染色体を構成するゲノムを核膜のなかで組み立てる必要がなかったのだ。この過程は、真核生物を創造する場合には必要になってくる。だれかが解決策を見出すまでは――わたしは前述のJ・クレイグ・ヴェンター研究所から目を離さずにこの空白を見張っていくつもりだが――完全な合成ゲノムを持つマンモスが大地を駆けたり、リョコウバトが上空を飛びまわったりすることはない。第二に、細菌のゲノムは小さい。マンモスのゲノムは四〇〇億塩基対以上の長さだ。鳥類のゲノムはたいていほ乳類よりもかなり小さいが、それでも大半は一〇億塩基対を超える。塩基対のすべてがタンパク質合成遺伝子をコードするわけではないが、ほかの要素がどのくらい生命に必要不可欠なのかは、いまだ見当もつかない。さらに言うなら、どんな絶滅種のゲノムについても、わたしたちは完全な配列を知らないし、おそらく知りえない。たとえ細胞核内で真核生物のゲノム全体を合成する手段が発見されたとしても、その合成ゲノムのもとになる鋳型はけっして手に入らないだろう。

マンモスを例に考えてみよう。古代DNA科学者は長い年月をかけて、数十個もの骨そのほかの部位から採取したマンモスのDNAについて数十億塩基対の配列を解析してきた。回収されたDNAの断片はたいてい短く――三〇~九〇塩基対で――ごく古いDNAによくあるとおり、損傷していた。第2章のパズルのたとえを用いるなら、マンモスのDNAの断片はパズルのピースであり、

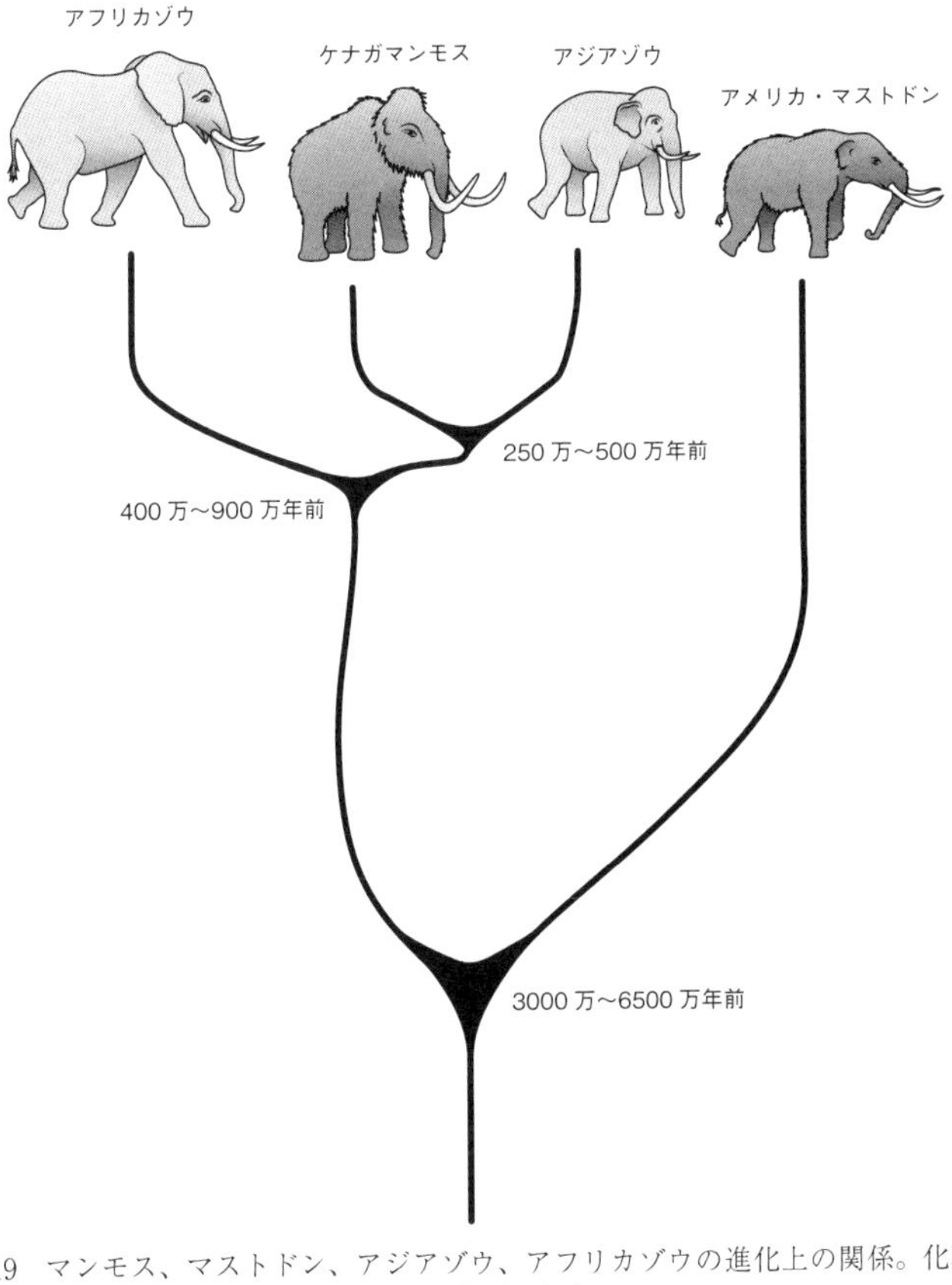

図19　マンモス、マストドン、アジアゾウ、アフリカゾウの進化上の関係。化石記録およびミトコンドリアゲノムの配列に基づいたもの。

箱の上部に描かれた絵はアフリカゾウのDNAになる。ミトコンドリアのDNAを比較した結果（図19）、アフリカゾウよりもアジアゾウのほうがマンモスに近いことが判明しているが、現時点では、アフリカゾウの核ゲノムしか復元されておらず、ガイドとして使えるのはアフリカゾウのゲノムだけだ。しかも、アフリカゾウのゲノムもまだおよそ八〇パーセントしか解析されておらず、箱の上部の絵は完璧に正しいとは言えない。要するに、わたしたちの前にあるのは、ごく小さくてやや形の歪んだピースが数十億個と、異なるパズルを解くための手がかりである少しぼやけた絵なのだ。

パズルのうち最も簡単に組み立てられるのは、ゲノムのなかで最もよく保全されている部分のピースだろう。つまり、マンモスと現存する二種のゾウ、そして、じつはほ乳類すべてにおいて同一あるいはほぼ同一の部分だ。また、マンモスとアフリカゾウとで似ているものの完全には合致していない部分もなんとか組み立てられるだろう。最もむずかしいのは、マンモスとアフリカゾウとで大きく異なる部分になる。これらの相違をもたらしたのは、遺伝子の組み換えや、重複、欠失だ。

小説『ジュラシック・パーク』では、科学者たちが恐竜のゲノムのうち決定できなかった部分をカエルのDNAで埋めた。同じように、わたしたちもマンモスのゲノムの穴を単純にゾウのDNAで埋めて問題を解決するかもしれない。とはいえ、わたしが思うに、あまり好ましい方策ではない。マンモス、アジアゾウ、アフリカゾウの共通祖先はおよそ四〇〇万年前に生きていた。つまりマンモスは、アジアゾウとアフリカゾウいずれのゲノムからも八〇〇万年以上の進化的な隔たりがある――この長い期間に、進化上の相違がかなり蓄積しているだろう。ゲノムのうち組立が最もむずかしいのは、マンモスがほかのゾウから枝分かれしたあとに変化した部分になる。そしてこの部分こそ、見かけと行動がマンモスに似たゾウを作るさいに変えるべき最重要部分だと言える。脱絶滅の目的に照らしあわせるなら、適切なゲノムの作製に不可欠なのだ。

現存する種からゲノムを作製して問題の部分を組み立てる場合、最善の方法は、きわめて長いDNAの断片を解読することだ。長い断片とは、この場合は、一〇〇〇～一〇万塩基対を言う。相当な難題であり、解決のために毎年膨大な生物工学予算が費やされている。かたや古代DNAは、残念ながら、長い形では残っていない——大半は一〇〇塩基対よりも短いし、それよりはるかに短いものも多い。ゆえに、たとえ数年内に解読技術が飛躍的進歩を遂げてきわめて長い断片を解読できるようになったとしても、絶滅種のゲノムの解読にはたいして役に立たないだろう。

ありがたいのは、DNAの解読費用が年々下がりつづけていることで、おかげでわたしたちは、どうにか破産せずに古代の標本を次々に解読していける。また、化石からDNAを回収する技術も向上している。解読対象の断片はどうがんばっても短いものばかりになるが、回収される断片の質があがるのだ。そのうえ、幸運に恵まれたなら、長さが数百塩基対のDNA断片を持つ古代標本——たとえば凍りついた北極の土壌に保存されていた標本——が見つかるかもしれない。ただし、数千塩基対、または数万塩基対の断片を持った遺体化石が見つかる可能性はきわめて低い。最後に、ガイドとなる近縁種のゲノムなしにDNAの断片をつなぎあわせるコンピューター技術もまた向上して、枝分かれがいちじるしい種の古代ゲノムもうまく組み立てられるようになってきた。

とはいえ、実のところ、ほ乳類のゲノムで完全に解読されたものはひとつもない。人間のゲノムも同じだ。一〇年以上前に、ヒトゲノムの完全な解読がなされたと歓喜の主張がなされたが、実のところ、今日まで解読されていない領域が残っていて、既存のどんな解析技術でもまだ解析できない。

ゲノムはふたつの要素からなる。ひとつは真正染色質で、遺伝子を含む。もうひとつは、反復性が高くて凝縮された〝異質染色質〟と呼ばれる部分だ。ヒトゲノムの場合、真正染色質にもいくつかの（きわめて）小さな未解読部分が残されているものの、その量はヒトゲノム全体の一パーセント未満でしかない。もっと大きな不明部分が、異質染色質に存在する。異質染色質は人間のゲノムのおよそ二〇パーセントを占め、高い反復性のせいで、人間のゲノムのなかでは――いや、どんなゲノムにおいても――きわめて解読がむずかしい。どうやら遺伝子の発現を規制する役割を担っており、細胞分裂の最中に染色体の分離を指示して、さまざまな染色体が核のどこに位置すべきか決めているものと思われる。とはいえ、既存技術では解読がきわめてむずかしく、真正染色質にくらべて得られた情報はごくわずかしかない。

現存する人類においてむずかしいのなら、古代標本の異質染色質も簡単に解読できるわけがない。それどころか、古代ＤＮＡは断片化している。劣化した標本の異質染色質を解読する作業は、現存する生物体の標本にくらべていっそう大変になる。この問題が脱絶滅において大きな障害になるかどうかは、いまだはっきりしていない。

絶滅種の完全なゲノム配列を知ることは不可能なので、たとえ真核生物の合成生命の再現が可能になろうと、ゼロからの完全なゲノム合成は脱絶滅の選択肢にはなりえないだろう。とはいえ、合成生物学は絶滅種とその形質をよみがえらせる手段であると、わたしは強く信じる。完全なゲノムは合成できなくとも、ＤＮＡの断片を合成することはできる。このＤＮＡの断片を用いて絶滅種をよみがえらせうるとしたら、どうだろう。

マンモスを切り貼り《カット・アンド・ペースト》する

ジョージ・チャーチは、ハーヴァード大学医学大学院の遺伝子学の教授で、前述とはべつのマンモス脱絶滅プロジェクトの主導的なパートナーを務める。そのプロジェクトは、シベリアの永久凍土で無傷の細胞を見つけることに成否がかかっている各プロジェクトとは趣がかなり異なる。ジョージはマンモスの復活にゲノム工学を用いようとしている。つまり、前章で実現可能な絶滅形質の復活手法がふたつあると述べたうちのひとつだ。

わたしがはじめてジョージに会ったのは、二〇一二年、マサチューセッツ州ケンブリッジのウィース研究所でのことだった。ライアン・フェランとスチュアート・ブランドが非営利団体〈リヴァイヴ&リストア〉の活動の一環としてロング・ナウ財団を設立し、小会議を組織したが、その議長をジョージが務めた。議題は、非現実的にも、リョコウバトをよみがえらせるプロジェクトについて。会議には、リョコウバトの部位を最も多く収集する科学者として、わたしも招待された。ほかの出席者は、保全生物学者（たとえばカリフォルニアコンドルを救うプロジェクトに長年費やしてきた、アメリカ魚類野生生物局のノエル・シンダー）や、生命倫理学者（たとえばスタンフォード大学の法学教授で生物工学の社会的、倫理的な影響が専門のハンク・グリーリー）たちだ。議論は沸騰してときに険悪な雰囲気にもなったが、きわめて有益だった。何を隠そう、この小会議で、わたしの頭に脱絶滅の実現方法がひらめいたのだ。

ジョージ・チャーチはわたしが大好きな科学者のひとりだ。天賦の才と狂気を分かつ深淵にうまくまたがる人間は世界にわずかしかいないが、彼はそのひとりになる――おそらく天賦の才のほうが狂気をはるかに凌駕しているおかげだろう。並はずれて創意に富んだゲノム学者で、論文や発表の最後に掲げられる生物工学提携の一覧がやたら長いことからも、それがうかがえる。

二〇一二年の会議において、ジョージはリョコウバトの復活に向けて行なえる／行なうべきことの見本として、自分のマンモス復活計画を発表した。ゾウのゲノムを少しずつマンモスのゲノムに変えていくという、あらたな（そして畏れ多き）手法を用いた計画だ。ごく単純に要約するなら、切り貼り作業ということになる。のちに技術面を詳しく述べるつもりだが、基本は次のとおり。

まず、保存状態のよいマンモスの遺体化石をいくつか（あるいは、たくさん）集めて、ＤＮＡを抽出し、ゲノムを組み立てる。そのゲノム配列をアジアゾウのゲノム配列と比較して、マンモスとアジアゾウの相違のうち重要な部分を突きとめる。これが、今回の計画の始まりとなる――ゾウのゲノムのその部分を編集して、マンモスのゲノムに似せるのだ。

第二に、変えたいと望むゲノム領域に相当するマンモスのＤＮＡの鎖を合成する。Ａ、Ｃ、Ｇ、Ｔをひと続きにつなぎあわせていくわけだ。こうして、あとでゾウのゲノムに貼りつけるＤＮＡの鎖ができあがる。合成された断片はきわめて短いか（わずか数塩基対）、少しばかり長いはずだが

（数百塩基対、ひょっとしたら数千塩基対）、いずれにせよ一本の染色体よりはるかに短い。もちろん、今日の技術で実現可能な範囲だ。

第三に、ツールをこしらえる――仮に、分子バサミと呼ぼう。ゾウのゲノムのなかで変えたいと望む部分を正確に突きとめて捕捉するのを仕事とする道具だ。そういった道具はいくつかあり、のちにすべてについて説明する。

第四に、マンモスのＤＮＡの合成鎖と分子バサミをゾウの細胞の核に届ける。分子バサミがゾウのゲノムのうち編集すべき箇所を突きとめ、捕捉して、ＤＮＡの鎖を半分に切断する。ＤＮＡが傷つくのは細胞にとって望ましくないので、細胞のメカニズムはＤＮＡの損傷を修復するよう進化している。このメカニズムが働き、ゾウ版のゲノムにマンモス版のゲノムを貼りつける形で、損傷した鎖を修復する。

第五に、この細胞がゾウの遺伝子ではなくマンモスの遺伝子を発現させているか否かを確認する実験を設計し、切り貼りの成否を評価する。この段階で、どの細胞がうまく編集されたか判明するし、ひいては、編集が多少なりとも細胞の表現型を変えているなら、いかに変わったかが計測できる。

最後に、切り貼り作業のすべてが成功した細胞を核移植に用いて、選択的に編集されたゲノムを持つ生物体を創造する。

この会議に出席した者の代表としてまちがいなく言えるが、わたしたちはみんな、ジョージの発表によって脱絶滅がじつに現実的かつ実現可能に感じられたことに仰天した。まさか、生きて呼吸するマンモスが、入谷教授の提案した期限内に（たとえ手法は異なるとしても）作製できるというのか。

当時、ジョージはまだゾウのＤＮＡの操作を始めていなかった。マンモスのゲノムもまだ組立のごく初期段階で、そういう状況だから、ゾウのゲノムのどの部分を編集の対象にするべきかはっきりしていなかった。また、わたしたちもまだリョコウバトとその現存近縁種のオビオバトについてゲノムを解析している途中で、やはり、リョコウバトを作るにはオビオバトのどの部分を変えればいいのか皆目わからずにいた。だが、彼の発表はわたしたちの目標を明確にしてくれた。何より重要なのは、その目標が実現可能に思えることだ。わたしたちは完全なゲノム解析を行なう必要はない。なんらかの方法で、ゲノムのどの部分が重要であるかを突きとめ、その部分を解析すればいいのだ。

分子のハサミと酵素の糊

ジョージ・チャーチが描いたゲノム編集はいかにも単純明快に思えるが、その過程には――意外でもなんでもなく――いくつもの技術的な課題がある。成功するには、ゲノム編集を特定の箇所にかぎらなくてはならない。分子のハサミが勝手にゲノムを刻んでまわり、でたらめにＤＮＡを挿入する事態は、だれも望まない。細胞の表現型（あるいは結果として生まれる動物）に望みどおりの影響をおよぼせないばかりか、ＤＮＡをやたら切り刻むのは細胞にとっていちじるしく有害だ。ゲノムを不安定にさせて、がんを誘発することも多い。

ゲノム編集を成功させる鍵は、プログラムできる多様な分子バサミの発見と開発だ。プログラムできれば特定の箇所にかぎることが可能になり、ひいては望みの場所を望みどおりに切断できて、細胞を殺すような切断は避けられる。

ここ一〇年あまりは、二種類のプログラム可能な分子バサミがこの分野を支配してきた（図20）。ジンクフィンガーヌクレアーゼ（ＺＦＮ）とＴＡＬエフェクターヌクレアーゼ（ＴＡＬＥＮ）だ。ＺＦＮもＴＡＬＥＮもともに、性質が異なるふたつの要素で構成される混成分子だ。ひとつめの要素は、編集すべきゲノムの箇所を認識して捕捉するタンパク質で、ときに〝腕《アーム》〟と呼ばれる。プログラムできるのは、この部分だ――ＺＦＮでは各ジンクフィンガーが特定の三つのヌクレオチド配列を認識し、ＴＡＬＥＮでは各ＴＡＬエフェクター（ＴＡＬＥ）が一個のヌクレオチドを認識する。ジンクフィンガーあるいはＴＡＬＥの鎖は化学合成でひとつにつなぎあわされ、各鎖が特定のＤＮＡ配列を認識できるようになっている。混成分子のふたつめの要素は、核酸分解酵素《ヌクレアーゼ》で、実際に切断を行なうハサミの役割を果たし、ジンクフィンガーあるいはＴＡＬＥの鎖の一方の端につけられている。これらの混成分子は、行なうべき編集ごとにふたつ合成される。ひとつは、標的箇所の上流に位置するＤＮＡ配列を見つけて捕捉する分子、もうひとつは標的箇所の下流に位置するＤＮＡ配列を捕捉する分子だ。ふたつの分子がゲノムのしかるべき場所を正確に突きとめて捕捉したら、ヌクレアーゼが切断を行なう。

正確な切断は、切り貼り作業の前半部分にすぎない。後半では、細胞をだまして、損なわれたば

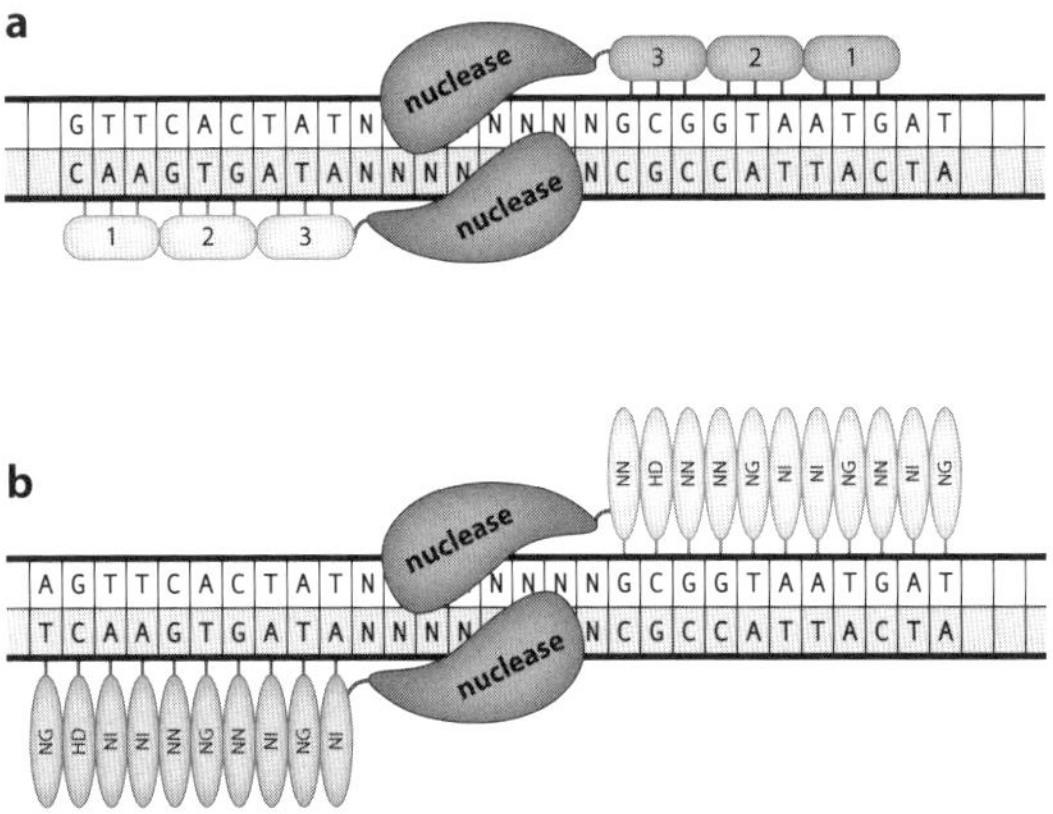

図20　ジンクフィンガーヌクレアーゼ（ZFN）とTALエフェクターヌクレアーゼ（TALEN）。ZFNの各フィンガーがヌクレオチド3つの配列を認識するのに対し、TALエフェクター（TALE）は1つのヌクレオチドを認識する。各アームが、特定の配列認識フィンガーまたはTALEとヌクレアーゼとをつなぎあわせて作られ、その配列が捕捉すべきゲノムの配列に合致するようになっている。

かりのDNAの鎖を修復するさいに、ゾウ版ではなくマンモス版の配列を使わせる。

通常、DNAの鎖を二本とも切断するのは、細胞にとって致命的だ。鎖の一本だけが切断されたなら、細胞の修復メカニズムがもう一本の鎖をひな型に用いて、なんであれ失われた配列を埋めていく。ところが、鎖が両方とも切断されたら、失われた配列をどう復元すべきかわからなくなる。

この問題を解決するために、ふたつの異なる細胞修復メカニズムが進化した。ひとつは相同組み換えと呼ばれるものだ。細胞内にはそれぞれふたつでひと組の相同染色体があるので、ひとつの異常を修復する鋳型として、もうひとつを用いることができる。相同組み換えにおいては、ふたつの相同染色体はたがいに隣りあって並び、無傷のほうの染色体の配列を用いて損傷を治せるようになっている。

切り貼り作業はこの修復メカニズムを利用するが、細胞をだまして、相同染色体ではなく、合成されたＤＮＡの鎖（ここでは、分子のハサミとともに細胞に挿入されるマンモスのＤＮＡ）を修復の鋳型として用いいさせる。

二重鎖の切断を修復するもうひとつのメカニズムは、非相同末端結合だ。こちらは相同配列を必要とせず、単純に損なわれた部分の両端を貼りあわせる。ＤＮＡ配列を変更したい場合には採用してほしくない経路だが、細胞はしばしばこの経路を用いる。したがって、残された課題は、ＤＮＡの修復に用いられる経路を制御する手段の開発だ。現時点では、編集を施した細胞のうちごく一部しか、損傷が修復されたのちにあらたな遺伝子が正しい場所に貼られていない。

ＺＦＮとＴＡＬＥＮはすでに、きわめて強力な分子ツールであることが証明されている。ＺＦＮは人間の遺伝子病を引き起こす突然変異を修復するために、幹細胞のゲノム配列を各患者に合わせてじかに編集する目的で用いられる。編集された幹細胞が患者に移植され、病気を治すというわけだ。ＺＦＮはまた、ＨＩＶすなわちエイズの治療に向けた開発もされている。ヒト免疫不全ウイルス（ＨＩＶ）はＴ細胞に侵入するさいにＣＣＲ５タンパク質を利用するが、それをコードするＣＣＲ５遺伝子を編集し、ウイルスが利用できない型に変えるのだ。ゲノム編集技術はさらに、除草剤に強い遺伝子をトウモロコシとタバコに挿入したり、ウシのゲノムを変えてヒトの血液タンパクや乳タンパクを生産できるようにしたり、といったことにも用いられてきた。

ＺＦＮとＴＡＬＥＮをゲノム編集に用いるさい、大きな課題となるのが、ゲノム内の特定の標的を狙うことで、実のところ、これはきわめて制御がむずかしい。ジンクフィンガーまたはＴＡＬＥ

をたくさんつなげて長い探針《プローブ》を作れば、配列の特定性は増すが、タンパク質が長くなれば長くなるほど細胞に挿入するのが困難になる。そのうえ、探針の作製はじつに骨の折れる作業で、数カ月、いや数年の試行錯誤を要することも多い。以上の問題はすべて、分子生物学の実験室で長らく実験操作の対象とされてきた生物体を扱うさいに遭遇するものだ。もし、この手法を脱絶滅に用いるなら、ゲノム配列が知られていない種、しかも分子生物学の研究にまったく使われていなかった種が対象になるわけで、作業はいっそう困難になるだろう。もちろん、これらふたつのゲノム編集技術が脱絶滅に有用となる可能性はあるが、仕組みを詳しく調べてみると現実はきびしい。

CRISPRによる脱絶滅の展望

ハーヴァード大学でわたしたちの会議が開催されたのとほぼ同じころ、ゲノム編集ツールボックスにあらたな分子ツールが登場した。CRISPR/Cas9と呼ばれるもので、最初に注目されたのは、病原体のDNA配列を学習したのちにその配列を狙って破壊し、病原体への免疫を提供する役割だった。この機構をゲノム編集に利用した場合、ZFNとTALENにはない大きな利点がふたつ得られる。ひとつは、プログラム化がはるかに高速になることだ――もはやジンクフィンガーまたはTALEを試行錯誤でつないでいく必要はない。ふたつめは、はるかに長い配列を用いることができ、ひいては特定性が飛躍的に増すことだ。このツールを用いればゲノム編集が比較的やさしく単純になるので、またもや生物学における革命が――PCRがはじめて開発されたときにもたらされたのと同様の革命が――もうじき起こるものと思われる。

仕組みは以下のとおり。病原体が細菌または古細菌の細胞に侵入すると、病原体のゲノムが認識され、切り刻まれて小さなかけらになる。このかけらが〝スペーサー〟としてCRISPR、すなわち〝規則的な間隔で群生化された短鎖反復回文配列〟と呼ばれる分子に組みこまれる。こうして病原体の断片が細菌のゲノムに結合され、将来のために蓄えられる。侵入してくる病原体から自分を守るために、細胞はCRISPRを複写して反復部で切り刻み、スペーサーを放出する。前述のとおり、これは病原体のDNA配列だ。複写されたスペーサーをCas9タンパクが取りこんで、スペーサーの配列に合致するDNAがないか細胞内を調べれば、侵入してくる病原体を見つけて破壊できる、というわけだ。

通常はCas9が病原体のDNA断片を取りいれ、いずれ侵入してくるかもしれない病原体を探るプローブとしてこれを用いるが、CRISPR／Cas9システムをゲノム編集に利用する場合は、わたしたちが設計した配列をCas9が捕捉し、わたしたちが編集したいゲノムの部位を探すためにその配列を用いる（図21）。ゲノムの特定部位を突きとめるための、きわめて効率的かつ正確な手段のできあがりだ。ジンクフィンガーまたはTALEに相当するものとして、CRISPR‐RNAを設計して合成し、ゲノムの正確な部位を探らせる。CRISPR‐RNAがその部位を突きとめると、ZFNとTALENにおいて分子バサミに相当するCas9が切断を行なう。その後、標準的なDNA修復過程が起こり――願わくば――わたしたちの編集内容がゲノムの配列に組みこまれる。

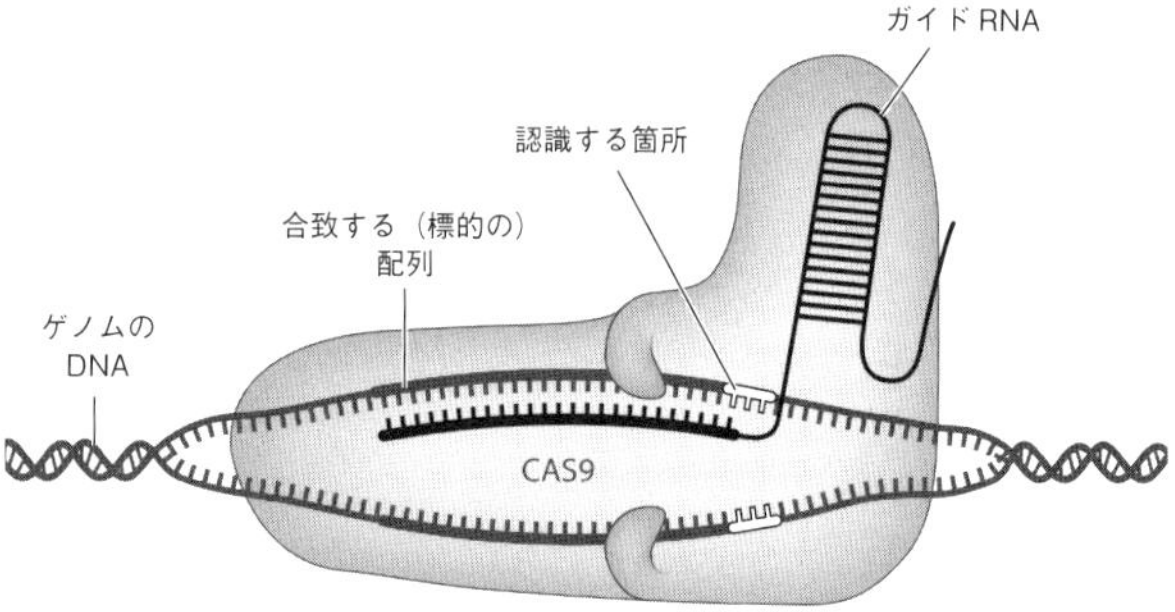

図21　CRISPR／Cas9。ゲノムの編集すべき領域に合致する長いDNA鎖を合成し、これを用いて、CRISPR-RNA（図中の色の濃いDNAの鎖）を構築する。そして、Cas9を持つ細胞に届ける。ひとたび細胞内に入ると、CRISPR-RNAはCas9に捕捉され、ゲノムの正確な場所（図中の色の薄いDNAの鎖）まで全体が導かれて、そこで切断が行なわれる。

ＣＲＩＳＰＲ／Ｃａｓ９システムは速度と特定性の両面で利点があるのに加え、同時に複数の変化を起こしたいときにも効率性を増す。Ｃａｓ９と合成ＣＲＩＳＰＲ-ＲＮＡは物理的にはつながっておらず、したがって、数多くの異なるＣＲＩＳＰＲ-ＲＮＡを同時に細胞に届けることができる。それぞれがＣａｓ９によって捕捉され、ゲノムの異なる部位を突きとめる（ひいては切断する）ために用いられる。

ウィース研究所のジョージ・チャーチのチームは、ゲノム工学においてＣＲＩＳＰＲ／Ｃａｓ９システムの開発を先導する集団だ。研究室のメンバーの大半は、ＣＲＩＳＰＲをテイラーメイド医療に応用することや、技術を洗練させてより長いＤＮＡの断片を挿入したり、ゲノムの複数の部位を同時に編集したり、といったことを念頭におく。だが、（わたしの想像では）研究室の暗い片隅に、マンモス大の目標を掲げる博士研究員《ポスドク》の小さなチームが控えている。自称〝マンモス復興者〟たちだ。毎月、〈リヴァイヴ&リストア〉にかかわる研究室群がテレビ会議を行ない、進行中の脱絶滅プロジェクトの進捗状況を互いに確認しているが、このマンモス復興者たちは、しじゅうわたしたち残りの研究者に屈辱を味わわせる。わたしたちはいまなおリョコウバトのゲノムを組み立て中で、編集すべき場所を見きわめようとしているが、彼らはマンモスのゲノムが完成するのを待たず、全力で突き進むことに決めたようだ。既知の突然変異——マンモスとゾウのヘモグロビンのちがい——から始め、すぐれた洞察力を武器に、切り貼りしながらマンモスに近づいている。

マンモス復興者たちの脱絶滅計画はしかし、さしあたりやや停滞気味だ。彼らが取りかかったときにはアジアゾウの細胞は入手できず、やむなくアフリカゾウの細胞にあるアフリカゾウのゲノムを編集することになった。また、幹細胞ではなく、皮膚の細胞の一種——線維芽細胞——を扱っている。やはり当時入手できたのはこの種類の細胞だけだからだ。研究ラインを分けて、ゾウの線維芽細胞から幹細胞を作る試みも進められているが、いまのところ限定的な成功しか収めていない。みごと幹細胞ができたら、それを用いてさまざまな種類の細胞を作り、自分たちの編集の成否を確かめるために利用するつもりでいる。いまはまだ、だれひとりとして、これらの細胞から生きたマンモスを作製することは口にしていない。現時点での目標は、ゲノムを編集し、編集したゲノムを入れた細胞を実験室の小さなプラスチック皿で培養することだ。

彼らはアフリカゾウのゲノムを、表現型にふたつの変化が生じるように編集したいと願っている。ひとつは、ゾウとマンモスで異なることが知られている四つのヘモグロビン遺伝子すべてを変化させること。実現したら、マンモスに似たヘモグロビンができるはずだ。造血幹細胞——さまざまな種類の血液細胞に分化する幹細胞――においてこれら遺伝子を変化させたうえで、生成された赤血球細胞の酸素運搬能力を測れば、自分たちの実験が成功したか否かを確かめられる。彼らはまた、ジョージが〝とびきりふさふさした豊かなマンモス状の毛〟と呼ぶものを生やす細胞を作りたいと願っている。だが、こちらはいっそう困難な課題だ。なにしろ、だれひとりとして、ふさふさした豊かなマンモスの毛を生み出すためにどの（あるいは、何個の）遺伝子がかかわっているのか知らないのだから。現時点では、ジョージは、ほかの種において毛の表現型に関与していそうな遺伝子をもとに、知識と経験を駆使して推測を行なうほかない。

もちろん、研究はまだ始まったばかりだ。絶滅種の表現型を現存種の細胞に遺伝子的に組みこめることが判明したら、脱絶滅は本格的に動き出すだろう。だが、その結果生まれた動物は厳密にはなんになるのか。ゾウをマンモスと呼ぶためには、変化をいくつ起こす必要があるのだろう。はたして、両者のゲノムの相違点をひとつ残らず変えることは可能なのか。もし可能でないなら、わたしたちは何を変えるべきなのか。

第7章
ゲノムの一部を復元する

わたしの予言を述べよう。数年以内に、ジョージ・チャーチとマンモス復興者たちはマンモスの遺伝子を最低でもひとつ、ゾウの幹細胞に移植することに成功するだろう。そして、その幹細胞を用いて、挿入したマンモスの遺伝子を発現する細胞を作り出す。よく練られた実験を設計し、その遺伝子がゾウのタンパク質ではなくマンモスのタンパク質をほんとうに作っているか否かを確かめて、成功を慎重に評価する。明確な結果が得られ、たしかにマンモスの遺伝子をゾウの細胞に入れたことが示されたら、彼らは当然ながら胸を張って成功を宣言するだろう。きっと、めざましい偉業になるはずだ。

この過程では、ゾウは一頭たりと危害を加えられない。獣医による定期検診のときに血液を提供する以外、ゾウは一頭も関与しない。どんなものであれ実験的操作にさらされる雌のゾウはいない。

だれひとりとして、ゾウに核移植を行なわない。マンモスの遺伝子が入ったゲノムを持つゾウの胎児はどこにも存在しない。

だが、こういった但し書きに報道陣は耳を傾けないだろう。以下のような見出しが躍るはずだ。〝マンモスがよみがえる〟〝絶滅はもはや過去のもの〟〝科学者が試験管でケナガマンモスを創り出す〟――たぶん、近年最大にして、最もわくわくさせられると同時に背筋が寒くなり、最もすばらしくて恐ろしいできごとになりそうだ。悲惨な結果を予言する声はもちろん、興奮や病的なまでの熱狂も広く行き渡るだろう。

だが、実のところ、いまさら人々の反応を予測する必要はない。過去の騒動をふり返ればこと足りる。

マンモンテレフェイズ

一九八四年四月二三日、『シカゴ・トリビューン』紙の中面に小さな記事が掲載された。〝毛むくじゃらのゾウの物語〟という見出しの記事だ。許可を得たうえで、以下に全文を再掲する。

ある種が絶滅すると、われわれはずっと絶滅したままだと思いこむ。見たところ動かしがたいこの前提を、アメリカとソ連の科学者たちが半分ゾウで半分ケナガマンモスという交雑動物を〝試験管交配〟させて覆した。始まりはロシアだった。イルクーツク大学のスヴェルビグホーゼ・ヤスミロフ博士が、シベリアで凍ったまま発見された若いマンモスから卵子を採取し、その核を抽出した。『テクノロジー・レビュー』誌によると、彼は当該試料をマサチューセッツ工科大学に送り、ジェイムズ・クリーク博士がその細胞から採取したDNAをゾウのDNAに混入した。ケナガマンモスは一万年前に死に絶えるまでヨーロッパを歩きまわっていた種で、五六本の染色体を持つ。近縁種にあたるゾウは、五八本だ。クリークの成功を受け、ヤスミロフはマンモスの卵子細胞から採取した核をアジアゾウの精子と融合させることに決めた。この実験で受精卵が八個作られ、アジアゾウの子宮に着床した。うち六例は流産に終わったが、二頭の交雑動物――おそらくは生殖不能の雄――が産まれた。一部で〝マンモンテレフェイズ〟と呼ばれるこれらの動物は、黄褐色の毛に覆われ、マンモスに似たあごを持つ。

この小さな話題が『シカゴ・トリビューン』に取りあげられて広まると、数日のうちに三五〇以上の新聞がさまざまな形でこれを取りあげた。さらには、潜在的な読者が最も多いと思われる全国紙の日曜版にも掲載された。

掲載紙はいずれも、事実確認の手間をかけなかった。もし、だれかが、たとえば『テクノロジー・レビュー』に載った記事の執筆者に連絡をとっていたら、驚くべき発見をしただろう。なんと、すべてがジョークだったのだ。くだんの科学者たちは存在しない。くだんのプロジェクトも存在しない。この記事は科学パロディーとして、才能ある学部生がサイエンス・ライティングの課題を終えるために書いたのだ。その後、エイプリルフールを祝して『テクノロジー・レビュー』に掲載された。一九八四年四月号の八五ページに掲載されたこの記事の最後には、執筆した学生の氏名――ダイアナ・ベン＝アーロン――とともに、日付が記されている。一九八四年四月一日、と。

たぶん『シカゴ・トリビューン』ほか多くの新聞は、マンモスの脱絶滅の可能性に色めきたつあまり日付に気づかなかったか、記事の信憑性を疑問視しなかったのだろう（そもそも、冷戦のさなかにソ連とアメリカの科学者が共同研究するなど、およそありえないのだが）。あるいは、ジョークがわからない人たちだったのか。

ベン＝アーロンの架空記事は、いろいろな意味で先見の明があった。たとえば核移植の成功率の低さに言及したこともそうだが、この記事はロスリン研究所でドリーが誕生する一二年以上も前に書かれている。また、アジアゾウがアフリカゾウよりもまちがいなくマンモスに近いことが判明する二〇年以上も前でありながら、アジアゾウが代理母に使われたと書いてある。彼女はさらに、脱絶滅に大衆が恐れを抱くことを予想し、その一部をやわらげようとした。たとえば、このあらたな生物の封じこめ――逃げて野生のゾウの個体群と交配させないこと――が、何より重要になると予見した。そこで、マイケル・クライトンが六年後にそうしたとおり、クローン技術で誕生した動物が人間の介入なしに交配できないメカニズムをこしらえた。クライトンの恐竜たちがすべて雌で、ゆえに生殖できなかったのに対し、ベン＝アーロンのマンモンテレフェイズは二頭とも生殖不能の雄だった。生殖不能にするために、彼女は奇数の染色体を持たせた。ラバと同じく染色体の数が不適切なせいで、この動物たちは不妊になったのだ(1)。

ベン＝アーロンの架空記事を各紙が報じたあと、さまざまな感情の入り混じったはげしい反応が生じた。一部の人々はこれをもてはやした。新聞業界の稚拙さがあからさまになったのがおもしろかったか、パロディそのものを楽しんだから、あるいは虚構とは知らず、単純にマンモスが死の世界から戻されたことに胸を躍らせたからだ。逆に、怒る人々もいた。パロディーが不道徳でひどいと感じたから、あるいは虚構とは知らず、マンモスを死の世界より戻すなんてとんでもないことを科学者がやらかしたと真剣に憤慨したからだ。

こうした反応は、実のところ、ほぼわたしの予想どおりだ。マンモス復興者たちがゲノム工学プロジェクトの成功を示す最初の証拠を発表し、編集されたゾウの細胞が――未来のどこかで――編集されたゾウの作製に用いられる可能性を示唆したときに、ほぼ同じ反応が生じるだろう。もちろん、この一九八四年の記事はまったくのでっちあげだ。将来の記事の見出しは、世界屈指の一流研究機関に実在する最先端研究室で進行中の現実の科学を反映したものになる。

一九八四年に『シカゴ・トリビューン』等の記事を読んで信じた人たちは、ひとつのメッセージを受け取った。マンモスがよみがえった、と。ところが、記事はひとこともそうは言っていない。

マンモス復興者たちがマンモス風味のゾウの細胞一号を作製したときの見出しは、前述の『シカゴ・トリビューン』の控えめな見出しより華々しくなるはずだ。慎重な記者たちはおそらく、現実にはゾウのゲノムのほんのわずかな部分しか変わっていない事実を省かないだろう。だが、体よく隅へ追いやり、記事の中心的なメッセージを反映したメロドラマ的な熱い論評を前面に出すはずだ。いずれマンモスがよみがえるだろう、と。

だが、それもまた事実ではない。

見かけと行動がマンモスに似ていれば、マンモスなのか

現在進行中の研究に話を戻そう。今日、ゲノム工学技術を用いて生きた細胞内のDNA配列をじかに編集することはできる。ジョージ・チャーチの研究室はこの技術を用いてゾウの細胞を編集し、ゲノムをゾウよりもマンモスに似せているところだ。いまのところ、この作業は体細胞内のひとつまたは少数の遺伝子を編集することしかできない。それでも、手元には、ゾウ版の遺伝子がいくつか除去されてマンモス版の遺伝子に置き換えられたゲノムを含む体細胞がある。これが、マンモスの脱絶滅の現状だ。

仮に、編集されたこの体細胞がゾウの赤ん坊の創造に用いられたとしても、そのゾウの赤ん坊はマンモスのDNAをごくわずかしか持たない。マンモス復興者たちの目標は、寒冷地で生存しやすいゾウを作ることだ。では、彼らがこの目標を、五～一〇個のゾウの遺伝子をマンモスの遺伝子に置き換えて実現したとしよう。この筋書きでは、うまくいけば赤ちゃんゾウの表現型は変化するだろうが、そのDNAの九九・九九パーセント以上はまだゾウのDNAのままだ。

一九八四年に発表された架空の筋書きでは、誕生した動物は初代の雑種で、マンモスの卵子に保存されていたDNAとゾウの精子のDNAを融合して創造された。つまり五〇パーセントがゾウで五〇パーセントがマンモスなのだが、ベン＝アーロンはマンモスと呼んでいない。それどころか、雑種のマンモンテレフェイズに新しい科学名（*Elaphas pseudotherias*）を与えて、アジアゾウと同じ

属に置きながら、あらたな架空の種としている。おそらく科学的な正確さを期そうとしたのだろう。あるいは、混乱を避けようとしたのか。彼女の意図がなんであれ、この記事は（でっちあげの）交雑種の創造に対する大衆の反応を観察するまたとない機会をもたらした。

大衆は交雑種であろうと気にかけない。マスメディアはこれをマンモスと呼び、そしてこれはマンモスになる。おそらく何よりも重要なのは外観のはずだが、その点すらもマスメディアの記事ではごく些細なことにされてしまう。くだんの交雑動物は黄褐色の毛に覆われ、マンモスに似たあごを持つ。どうやら、わずかなりともマンモスに似ていれば一般大衆にはじゅうぶんで、マンモスになるのだ。

脱絶滅を支持する人にとってはいい報せだ。なにしろ、脱絶滅を強引に成功とみなす余地が大量にもたらされるのだから。純粋なマンモスでなくともマンモスとして受け入れられる、というのは安心材料になる。前述のとおり、一〇〇パーセントのマンモスの実現は論外だが、一パーセントのマンモスは可能性がなきにしもあらずなのだ。

よい機会なので、脱絶滅について、種を中心にすえた議論から離れて再定義してみよう。遺伝子的に純粋なマンモス、いや、なんであれ遺伝子的に純粋な絶滅種はたぶん実現しない。だが、脱絶滅の恩恵には、遺伝子的な純粋性は必要ない。ゲノムのうち変えるべき一パーセントを思慮深く選べば、マンモスとゾウを区別する形質を復活させられる。もっと重要なのは、かつてマンモスが住んでいた場所にゾウが住めるようにする形質を復活させられることだ。野生環境に放たれたら、雑種のゾウはのしのし歩きまわり、低木を押し倒して大量の植物を食べる。その過程で、種子や昆虫を分散させ、栄養素をまき散らす。たとえマンモスにならずとも、この交雑動物はマンモスの行動を再現して、北極の生態系に幅広い恩恵をもたらせるかもしれない。

　脱絶滅あるいは戻し交配を真剣に検討する人々の大半は、理由として、これらの種をよみがえらせれば、種の多様性を保って健全な生態系を維持する闘いが有利になることを挙げる。どんな種であろうが――餌動物になる種であろうが捕食者の種であろうが、また、種子をまき散らす種であろうが低木や樹木を食べつくして開けた空間を保つ種であろうが――絶滅すれば、生態系全体に連鎖する影響をおよぼしかねない。

　ヨーロッパ本土でオーロックスを戻し交配するプロジェクトの狙いは、開けた荒野で草木を食んで樹木の生長をはばむ巨大な草食動物を創造することだ。その結果、大小いずれのほ乳類の生息環境も復活し、同時に植物の種の多様性が増すことを、チームは望む。彼らの戻し交配実験で標的となる表現型が、オーロックスなのだ。だが、チームの目的は、オーロックスをよみがえらせることではなく、かつてのオーロックスと同じ行動を示せる表現型を復活させること。機能がいくらか似た動物を導入したいわけだが、形がまったく同じである必要はない。

　わたしの考えでは、種の復活ではなく生態系の復活こそ脱絶滅の真価だと言える。わたしたちはどんな形の生命をよみがえらせるかではなく、どんな生態学的な交流を復活させたいかという観点で脱絶滅を考えるべきだ。既存の生態系から何が失われているのか、それが回復可能なのかを問わなくてはならない。脱絶滅はいわば、進化によって誕生したはいいが残念ながら失われてしまった種をモデルに用いて生物を創造する綿密な生物工学プロジェクトなのだ。

ゲノムのどの部分を作るべきか

どうやら、絶滅した形質と絶滅した種を――種の定義をどこまでゆるめるかによるが――復活させる道として最も可能性が高いのは、核移植によるクローン作製でも戻し交配でもなく、ゲノム工学のようだ。だが、どこから始めればいいのか。この問いへの答えは、個々の脱絶滅プロジェクトによって異なってくる。

もし、わたしたちの目的が、シベリアの冬を生き延びられるゾウを創造することなら、熱帯に適応したこの種を厳寒の気候でも暮らせる種に変える必要がある。長くてふさふさした毛はきっと役に立つだろうし、低温下で効率的に酸素を運べるヘモグロビンも有用だ。だが、ほかにどんな形質を編集すべきなのか。もっと効率的にゾウの体温を維持する方法がほかにあるだろうか。北極生活に必要でありながらまだ考慮されていないエネルギー面での要素は？　シベリアで育つ植物をゾウが食べられるようにする消化器系の適応は？　ゾウが雪のなかから植物を掘れるよう、形態的な変化を施す必要はあるのか。熱帯には存在しない病原体を寄せつけないよう、ゾウの免疫系を編集する必要はあるのか。これらはすべて的確な問いだが、わたしたちはまだ答えを得ておらず、ましてや遺伝子や遺伝子群を解析して、編集すべきマンモス特有の変化を探すなど遠い先の話だ。

近い将来に科学界がゾウのゲノム解析を優先的に行なう可能性は少なく、したがってゾウのゲノムのどこに各遺伝子があるのか、それらの遺伝子が何を担うのか、互いにどう作用するのかを近いうちに知ることはないだろう。とはいえ、これらの情報は、マンモスを遺伝子的に少しずつ編集していきたいと本気で願うなら、きわめて重要になってくる。情報があまりに少ないことから、ゾウとマンモスで異なるゲノムのヌクレオチドをひとつ残らず変えることも、解決策のひとつになるだろう。そうすれば、重要なちがいや遺伝子間の相互作用を見落とす恐れは減る。だが、かなりの数の変更を加えなくてはならない。仮に、アジアゾウとマンモスが共通の祖先からおよそ四〇〇万年前に枝分かれし、しかも変化の速度がほかのほ乳類とほぼ同じであるとするなら、この二種間にはおよそ七〇〇〇万箇所の遺伝子の相違があると予想される（人類とチンパンジーを分かつ遺伝子の相違数と同程度になる）。編集が必要になるのはゾウのゲノム全体のうち二パーセント未満だが、それでも七〇〇〇万というのは、きわめて多い変更数だ。

ともあれ、どうやってこれらの変更を加えるのか。まず、相違点がなんなのか突きとめる必要がある。アジアゾウとマンモスのゲノムに存在する相違の多くは（大半とは言わないまでも）、双方のゲノムを解読し、組み立て、並べてみたうえで、互いにちがう場所を探せば突きとめられるだろう。とはいえ、完全なマンモスのゲノムを解読して組み立てることはおよそ不可能なので、すでに最初の課題でつまずいてしまう。それでも、いったんこの課題を脇へおいて論を進めるならば、次のステップでは、相違が見つかったゾウの部位をそれぞれ、ゲノム編集ツールを用いてマンモス版に変える方法を設計する。もし、各編集に固有のＣＲＩＳＰＲ－ＲＮＡ（ＣＲＩＳＰＲ／Ｃａｓ９システムにおいて、編集するべき部位を見つけて捕捉するもの）が必要になりそうなら、七〇〇〇万本の異なるＣＲＩＳＰＲ－ＲＮＡを設計して細胞に届けなくてはならない。だが、ジョージ・チャーチの研究室が技術を改良して一度に挿入できる断片をどんどん大きくしているので、同時に複数の塩基を変えられるだろう。そこで、技術がかなり向上し、ひとつのＣＲＩＳＰＲ‐ＲＮＡで平均一〇の変更が加えられると仮定しよう。必要なＣＲＩＳＰＲ‐ＲＮＡの数はおよそ七〇〇万本にまで減らせる。

前述のマンモスのヘモグロビンにかかわる研究で、マンモス復興者たちは二本のＣＲＩＳＰＲ‐ＲＮＡを設計し、ヘモグロビンの遺伝子に三つの変更を加えた（一本のＣＲＩＳＰＲ‐ＲＮＡがひとつの変更を、もう一本がふたつの変更を加えた）。ゾウの配列の編集は、三段階に分けて行なわれる。まず、ゲノムの編集に必要なものすべて――ＣＲＩＳＰＲ‐ＲＮＡ、Ｃａｓ９（分子のハサミ）、鋳型となるマンモスのＤＮＡ――を細胞内に届ける。次に、ＣＲＩＳＰＲ‐ＲＮＡが、切断すべきゲノムの部位を突きとめる。最後に、細胞修復メカニズムがマンモス版の遺伝子を貼りつける。

マンモス復興者たちが現実に行なった実験の結果を見れば、この切り貼り作業の効率を予測できる。つまり、こう問えばいい。編集されたゾウの細胞のうち、最終的に三つとも変更されたのはどのくらいの割合なのか。マンモス復興者たちは、ＣＲＩＳＰＲ‐ＲＮＡ（〝切る〟ステップ）ごとにゲノムの正しい部位を狙う効率に差があり、修復させたい切断（〝貼る〟ステップ）ごとに細胞メカニズムの修復効率がちがうことを発見した。この実験では、二本のＣＲＩＳＰＲ‐ＲＮＡのうち一本の切り貼り効率はおよそ三五パーセント、もう一本（ふたつの変更を行なうほう）はおよそ二三パーセントだった。最終的に、三つすべての変更が加えられた細胞はわずか八パーセントにすぎない。

たとえ作製が必要なＣＲＩＳＰＲ‐ＲＮＡの数を一〇〇本（前述の推定値の七〇〇万本、あるいは七〇〇〇万本より大幅に少ない数）に減らし、それぞれの効率をおよそ三〇パーセントと仮定したとしても、一〇〇個すべての変更が加えられた細胞ひとつを得るには、最低でも五掛ける一〇の五三乗個の細胞を変更しなくてはならない。途方もない数だ。ちなみに、この数がいかに多いか実感できるよう比較すると（この規模になるともはや実感するのはほぼ無理だが）、たとえば人間の体にはおよそ四〇兆個（四掛ける一〇の一三乗）の細胞があり、地球上には七・五掛ける一〇の一八乗の砂粒が存在すると推定されている。

幸いにも、特定の形質を標的にする方策を採らずとも、変更を加える数は減らせる。まず、アジアゾウ一頭のゲノムとマンモス一頭のゲノムを比較したときに見つかる相違には、すべてのゾウとすべてのマンモスをくらべた場合に存在しないものもあるはずだ。これらの部位は、比べる種がそれぞれ一個体しかない当初は種による相違に見える。だが、種それぞれについて複数のゲノムがあれば、一部の相違はまだ種に固定しておらず、マンモスまたはゾウのなかでの変異にすぎないことが判明する。そうした相違点は、すべてのマンモス、あるいはすべてのゾウが持ってはおらず、マンモスに似た外観やマンモスの行動を作るさいに（またはゾウに似た外観やゾウの行動を作るさいに）重要ではないものと結論づけられる。したがって、これらの部位をゲノムの編集対象から除外できるというわけだ。

編集の数を減らすもうひとつの方策は、遺伝子の部分の相違だけに変更を絞ることだ。ゲノムは大きな場所で、遺伝子（タンパク質をコードする部分）はゲノム全体のごくわずか――たとえば人間のゲノムではおよそ一・五パーセント――にすぎず、残りは非コードDNAでできている。遺伝子がタンパク質をコードし、タンパク質は表現型を作ることから、二種間のゲノムのちがいで最も重要なのは、遺伝子そのものの配列に見つかるちがいだと言えそうだ。

当然ながら、前述の戦略にはいくつかの問題がある。わたしたちはマンモスの遺伝子すべてに関してゲノム内の位置を知っておらず、経験にもとづいた当て推量――より詳しく調査されているゲノムとの類比――で突きとめることになるが、それでもなお、遺伝子をすべて見つけるのは不可能だろう。しかも、遺伝子内の相違だけを標的にすると、ゲノムの非コード領域に見つかる重要な相違、たとえば遺伝子をいつ、どのくらい発現させるかにかかわる相違を見逃す恐れがある。遺伝子の発現がちがえば、たとえ配列そのものがまったく同じでも、表現型はちがってくるかもしれない。

だとすると、たぶん、ゲノム配列の相違すべてについて変更を加える必要があるだろう。ジョージ・チャーチは、ほどなくこれが実現可能になると信じている。彼に言わせると、鍵となるのは、切り貼りするDNAの断片をとても長く――きわめて長く――して、CRISPR-RNAの数を減らすこと。各CRISPR-RNAが一度に加える変更は、数個ではなく、数万と言わないまでも数千個になる必要があるだろう。現在のところ、ジョージのグループは五万塩基対の長さのDNA鎖を合成できる。合成配列がここまで長いと正確性はまだ理想的とは言いがたいが、技術はどんどん向上し、費用は低減している。もし、マンモスのゲノム全体を、たとえば一〇万塩基対の鎖を使って合成できるとしたら、マンモスのゲノムすべてをアジアゾウのゲノムに切り貼りするために必要なCRISPR-RNAは三五〇本未満になる。

それでもなお、三五〇は相当な数で、前述の推論にもとづくと、各切り貼りが並はずれて効率よく行なえたとしても、とんでもない数の細胞を必要とする。だが前述の推論はことさら論理的なわけではないし、現実にどのように実験を行なうかを考慮していない。幸運にすべてをかけて、一度に生じるとは考えにくい一〇〇（または三五〇）の変更を行なう筋書きを試すよりも、おそらく段階的に実験を行ない、数個の変更を加えて実証しては、編集に成功した細胞にまた数個を導入する、といった具合に進めることになるだろう。それでもまだ骨が折れるし、完了までに長い時間がかかるだろうが、実現の可能性はある。

今日、わたしたちはマンモスの完全なゲノム配列を知らない。とはいえ、おそらく今後数年内にマンモスのゲノム配列の大半は判明する。今日、わたしたちはアジアゾウのゲノム全体をマンモスのゲノムそっくりに編集することはできないが、この技術もまた日々向上している。それどころか、脱絶滅プロセスのなかで、おそらく最も発展が早いのはこの技術なのだ。

ヌクレオチドの集まり以上の存在

ゲノム編集は今後ますます、現存種のゲノムの全体または一部を絶滅した種のゲノムに似せる効率的な手段となるだろう。だが種のあいだの重要な相違には、ゲノムの配列とはなんら関係がないものもある。したがって、単純にゲノムの配列を変えるだけでは、絶滅した表現型を復活させるのにじゅうぶんとは言えない。

ゲノムは複雑な部位だ。細胞のなかにあり、その細胞は肉体のなかにあり、肉体は周辺環境のなかに住む。細胞が異なるか、肉体が異なるか、周辺環境が異なる場合、たとえ同一のゲノム——コード部分、非コード部分ともに同一のゲノム——でも大幅にちがう表現型を生む可能性がある。たとえば、一卵性双生児は同一のゲノムを持つ。だが、成長するにつれ、外観も行動も互いにどんどん異なっていく。ゲノムが同じなのに、なぜこうなるのだろう。

ゲノムに加えて、すべての生物体はエピゲノムと呼ばれるものを持っている。エピゲノムはややこしい概念で、すべての科学者が同じ定義または説明をするわけではない。わたしの理解によると、エピゲノムはゲノムに貼られたタグのようなもので、遺伝子のスイッチが入っている（オン。タンパク質を作っている）か、切れている（オフ。タンパク質を作っていない）かを示す。重要なのは、これらのタグがじつはゲノムの一部ではないこと。したがって、生物体の生涯を通じて変化しうる。エピゲノムのタグは遺伝性の場合もある——つまり、特定の遺伝子のエピゲノムの状態は、ときに親から子へと受け継がれる。たとえば心臓の細胞になるのに必要な遺伝子だけスイッチを入れるよう、細胞に命じるタグかもしれない。逆に、従来の意味合いでは遺伝しないタグもあり、生物体とその生物体が住む環境との相互作用によって現れたり変化したりする。

さまざまな環境的な刺激もエピゲノムに影響をおよぼす。生物体の食餌内容、さらされるストレスまたは毒素の量、肉体的な運動をどの程度行なうか、といったことすべてがエピゲノムを変容させ、どの遺伝子を発現させるか、いつ発現させるか、どのくらい発現させるかを変える。一卵性双生児が成人するころには、それぞれのエピゲノムは大幅に異なるが、ゲノムそのものは相変わらず同一のままだ。ゲノムの配列と、生涯を通じて蓄積されるエピゲノムの相違が組みあわさって、それぞれに特有な表現型がもたらされる。

はたしてエピゲノムは脱絶滅の試みを複雑化させるだろうか。現時点では、わからない。ゾウの遺伝子を編集してマンモスの配列を持たせても、成長するにつれて、その遺伝子はゾウのエピゲノムを持つだろう。子宮内で、編集された遺伝子はゾウの胎内環境にさらされる――母親はゾウの食べ物を食べ、ゾウの生息環境に住み、ゾウの遺伝子を発現させているのだ。編集された遺伝子はゾウの胎盤のおかげで生き延びるが、その胎盤は母親ゾウのエピゲノムによって変更されたゾウの遺伝子を発現している。

一卵性双生児を用いて胎内環境の影響を調べることはできないが（なにしろ同じ子宮内で発生しているのだから）、妊娠中の母親の健康や食餌が胎児の発生に強い影響をおよぼしうることは判明している。母親の食餌のいかんによって生後の健康状態が左右される。たとえば心臓病や肥満の危険性がそうだ。興味深いことに、妊娠前の母親の食餌内容がその遺伝子のエピゲノムの状態に影響をおよぼし、ひいては発生中の胎芽に影響しかねないことも判明している。母親ゾウの食餌やストレスの量が発生中のマンモス（またはマンモスに似た動物）の胎芽に影響をもたらすのはほぼまちがいないが、その影響のうち何がのちのちまで残るのかはわからない。

いくつかの事例においては、種に特有の胎内環境は妊娠の成功に必要不可欠ではない。ロバート・ランザが経営する遺伝子工学企業、アドバンスド・セル・テクノロジーズ（現在のオカタ・セラピューティクス）は、核移植を用いて、ガウルとバンテン（いずれもイエウシの近縁種で現存してはいるものの絶滅が危惧されている）のクローン作製に成功した。代理母として起用したのは、イエウシだ。いずれの妊娠もうまくいき、いずれの幼獣もすくすくと育っているという。とはいえ、これらの個体が、自分と同じ種を代理母にして誕生したクローンとどのくらい異なるかはわからない。

では、誕生後の環境はどうだろう。エピゲノムの変化は生涯を通じて蓄積し、その生物体が住む環境によってうながされる。マンモスの外観と行動のうちどの程度がマンモスのゲノムを持つことに由来し、どの程度が冷涼ステップで生活することに由来するのか。これに関しては、答えを待つしかない。

ゲノムそのものやゲノムと環境の相互作用に関する理解は、脱絶滅の成功に立ちはだかる大きな技術上の壁だ。この壁を乗りこえられるか否かは、いまのところわからない。はたして、マンモスのゲノムの解読を完了させ、すべての遺伝子がどこに位置して何を行なうかを突きとめて最小限の変更を加えるだけで、最終的にマンモスを作れるのだろうか。あるいは、ゲノム編集技術が進歩し、必要な変更すべてを加えて一〇〇パーセントマンモスに似せたゲノムを作れるのか。また、古代組織のエピゲノムの状態を推論する手法を編み出し、絶滅を脱した個体のどの遺伝子のスイッチを入れてどのスイッチを切るべきか探り当てられるのか。

これらの問いへの答えはじきに得られるだろう。ノックイン・ノックアウト実験——酵母菌、ミバエ、マウスといった生物体の特定の遺伝子についてスイッチを入れたり切ったりする実験——によって、遺伝子がどこにあり、何を行ない、互いにどう作用するかが発見されている。また、個体群レベルの大がかりなヒトゲノム解読プロジェクトが、高地生活への適応能力やがんなどの病気へのかかりやすさなど、独特の表現型にかかわる遺伝子的変化を突きとめるのに用いられている。これらは、加えるべき最も〝重要な〟変更を割り出すことを狙いとした実験だ。かたや、CRISPR／Cas9システムの背景となる技術もめざましく発達している。このシステムはすでに、二〇あまりの種のゲノム編集に用いられ、数万ヌクレオチド単位のゲノム断片を切ったり挿入したりしてきた。いずれは、ゲノム全体の編集が可能な手法になるかもしれない。

それどころか、古代エピゲノムにさえ手が届くかもしれない。手がかりのひとつは、DNAの経年劣化のしかただ。エピゲノムがゲノムに印をつける方法にDNAのメチル化があり、DNAの劣化と興味深くも有益な相互作用をする。メチル化の過程において、エピゲノムはメチル基をシトシン――DNAを構成する四つのヌクレオチド基のひとつ――に付加して、ゲノムを変更する。DNAの劣化もまた、シトシンにべつの影響をおよぼし、脱アミノ化させることが多い。シトシンは化学構造の一部（アミノ基）を失ってウラシルになるのだが、このウラシルはそれ以外の要因ではDNAに存在しないヌクレオチド基だ。ところが、メチル化と脱アミノ化というふたつの化学修飾が重なると、相互作用によって、シトシンはウラシルではなくチミンに変わってしまう。チミンもまた、DNAを構成する四つのヌクレオチドのひとつだ。メチル化されたシトシンから変換されたチミン（エピゲノムにタグづけされたのちに劣化したもの）とウラシル（同じく劣化してはいるがエピゲノムのタグづけはないもの）を識別すれば、古代エピゲノムを復元できる。

この手法を最初に用いたのは、デンマークのコペンハーゲン大学に所属するルードヴィック・オルランドのグループで、彼らはグリーンランドのサカク文化に暮らしていた四〇〇〇年前のパレオ・エスキモーのエピゲノムを復元した。その後ほどなく、ドイツのライプツィヒにあるマックス・プランク進化人類学研究所とイスラエルのエルサレム・ヘブライ大学の科学者チームが、古代類人――ネアンデルタール人とデニソワ人――のエピゲノムの地図を作製した。そして、復元された古代類人のエピゲノムと現代人のエピゲノムに二〇〇〇箇所の相違を見つけた。うち一部は、骨格のちがいをもたらすものと考えられている。

ゲノムを解読、編集、理解する技術がそれぞれめまぐるしく発展するいっぽうで、利用可能な新しいツールのほうは、研究対象にされることが多い種に最適化されがちだ。マウス、ミバエ、ヒトにくらべてゾウについての研究ははるかに進んでいないし、脱絶滅の候補となる種の多くについても同じことが言える。これらのツールを当初の対象とはべつの種の研究用に改変できるかもしれないが、現時点では、絶滅種のゲノムの完全な復元をはばむ壁は相変わらず高くそびえている。だがジョージ・チャーチも、きわめて高い志を持った男なのだ。

第8章

さあ、クローンを作製しよう

　この時点まで、わたしはマンモスがクローン作製技術によって復活することはないと断言してきた。なので、これから述べることは混乱を招くだろう。**マンモスをよみがえらせるための次のステップは、クローンを作製することなのだ。**

　弁明させてもらうなら、この段階でクローンの作製元になる細胞は、日本や韓国のチームが見つけてクローン作製に利用したがっているものとは大きく異なる。たぶん、わたしたちが脱絶滅のこの段階に到達するまでに、実験室で数年の（場合によっては数十年もの）歳月が費やされ、細胞内のゾウのゲノムが丹念に編集されているはずだ。実験を始めるにあたって、奇跡的に保存状態がよいマンモスの細胞を使うことはありえない。にもかかわらず、脱絶滅の次の段階は細胞のクローンを作製し、そこから一頭のゾウ（ただし、マンモスの遺伝子をいくつか持った）をこしらえることになる。

脱絶滅プロジェクトのいくつかは、ゲノム編集の段階を飛ばしてじかにクローン作製に進めるだろう。ゲノム編集を必要とするプロジェクトにくらべて、おそらくかなり足早に前進するはずだ。当然ながら、次の障壁にぶつかるのも早い。ブカルドの例を考えてみよう。

はたして最初の脱絶滅事例なのか

二〇〇三年の夏、スペインアイベックス（野生種のヤギ）の亜種であるブカルドの雌が誕生した。ブカルドは、スペインとフランスの国境をなすピレネー山脈固有の種だが、この幼獣が産まれたとき、三年半前に絶滅したばかりだった。

赤ちゃんブカルドは、最後に生存していた雌の老ブカルド、セリアの遺伝子を持つクローンで、残念ながら誕生後数分で窒息死した。検死解剖によれば、肺に先天性の異常があり、生き延びる可能性はなかった。それでも、この赤ちゃんブカルドの誕生は脱絶滅の最初の成功事例とみなされることが多い。はたしてそうだろうか。わたしの考えでは、生き延びる可能性がないなら脱絶滅とは呼べない。

とはいえ、ブカルドのプロジェクトはきわめて前途有望だ。死ぬ一〇カ月前のセリアからブカルドの細胞が採取されてただちに冷凍され、その細胞内のＤＮＡはきわめてよい状態にある。ごく近縁のスペインアイベックスの亜種がいまも何種か現存し、しかるべき卵子提供者または代理母を見つけることも簡単だ。ブカルドはまた、絶滅して久しくはないし、絶滅要因はおそらく過剰な狩りで、生息環境の消滅ではない。銃をうまく規制できるなら、復活させたブカルドは、環境への影響を幅広く調査したり政治的な術策を弄したりせずとも、自然の生息環境に戻せるだろう。

スペインとフランスの科学者チームがブカルドのプロジェクトを開始した一九八九年当時、ブカルドはまだ絶滅していなかった。異種間のクローン作製もまだ大型ほ乳類では達成されておらず、このプロジェクトに立ちはだかる壁は巨大だった。

二〇〇一年、異種間のクローン作製を実施する試みにおいて、バイオテクノロジー企業のアドバンスド・セル・テクノロジーズが、南アジアと東南アジアに固有の絶滅危惧種のウシ、ガウルのクローンを、代理母に雌ウシを用いて作製した。クローンのガウルはわずか四八時間生きたあと感染症で死んだが、その誕生により、異種間のクローン作製が可能なことが証明された。二年後、同じ企業が、やはり東南アジアの絶滅危惧種のウシであるバンテンについて、代理母に同じく雌ウシを用いてクローンを作った。誕生したバンテンはサンディエゴ動物園で七年間――野生環境での寿命の半分以下――生きたあと、見たところ自然死した。

ブカルドのプロジェクトは、クローン作製にゲノムの解読も編集も必要としなかった点、代理母を得られた点で、これらガウルやバンテンのプロジェクトに類似している。とはいえ、両者とは重要な相違がふたつある。ひとつは、ウシの場合は生殖補助技術がすでに確立されていたが、スペインアイベックスではまだ開発されていなかったこと。ふたつめは、この技術を科学者チームが開発したときはもうブカルドが絶滅していたことだ。

残念ながら、ブカルドのクローン作製実験は成功せず、失敗要因も判然としていない。可能性としては、単にじゅうぶんな数の胚が作製されなかったことが考えられる。なにしろ、核移植によるクローン作製は非効率的なことで悪名高い。このチームはセリアの体細胞の複製を七八二個の卵子に移植したが、胚になった卵子はわずか四〇七個だった。そのうち二〇八個の胚が代理母候補に移植されたが、妊娠が成立したのはわずか七例だ。仮に、誕生した赤ちゃんブカルドをクローン作製の成功例として数えるなら、ブカルドのクローン作製成功率は〇・一パーセントになる。

アラゴン狩漁野生動物局の責任者であり、一九八九年にブカルドのプロジェクトに参加してスペインアイベックスの生殖補助技術の開発に携わったアルベルト・フェルナンデス＝アリアスは、〝失敗に帰した〟脱絶滅というわたしの説明を不当だと感じている。彼いわく、もし肺に先天性の異常を持って産まれることが事前にわかっていたなら、誕生後ただちにその異常部分を切除する準備をしておいた。こうした手術は同様の出生異常を持つ人間の赤ちゃんで成功しており、きっと赤ちゃんブカルドの命も救えたはずだ、と。当然ながら、何が肺の異常をもたらしたのか、仮にこのブカルドが生存していたらどうなったか――どんなふうに発達し、成獣後どんなふうに暮らしたのか――を知るすべはない。とはいえ、このプロジェクトは続行中で、ブカルドがふたたびピレネー山脈を歩きまわれるか否か知る機会がじきにまた提供されるだろう。

核移植による脱絶滅

絶滅前に採取して凍らせた細胞から育てたのであろうと、ゲノム編集に頼ったのであろうと、作製したい動物のゲノムを含む細胞が入手できたなら、次の段階は、その細胞から胚を作ることだ。生きた宿主を代理に用いる必要がある。脱絶滅候補の種の多くにおいて（本章の後半でいくつかの例外を述べるが）、この段階には核移植によるクローン作製がともなう。当然予想されるとおり、候補のうち、ほかよりもクローン作製がいちじるしく簡単な種がいくつかある。たとえばブカルドのクローン作製は、遺伝子を編集したゾウの細胞のクローン作製よりもはるかに容易なはずだ。というわけで、ブカルドを例にとって、脱絶滅のこの段階について議論していく。基本事項をひととおりなぞったら、遺伝子を編集したゾウの細胞のクローン作製にあたってぶつかるもっと大きな課題を取りあげる。そして最後に、わたしが心の底から驚愕させられた脱絶滅の障壁について説明する。なんと、鳥類のクローン作製は実現不可能なのだ。

ブカルドを作る

核移植は複雑な過程で、各段階に大惨事が潜んでいる。最も簡単なはずの段階ですら、大きな障壁をはらむ。たとえばイヌの場合、雌のイヌから成熟卵子――つまり、体細胞を移植できる卵子

——を採取するのはほぼ不可能だ。ほ乳類の卵子はふつう卵巣で成熟するが、イヌの卵子は卵巣から子宮に移りながら成熟する。家畜のイヌはまた、排卵周期が予測できないことが多く、成熟した卵子を採取すべき時期を知るには、当のイヌのホルモンを注意深く観察することと、それなりの幸運が必要になってくる。

とはいえ、核移植において最もむずかしい段階は、核の初期化《リプログラミング》だ。このリプログラミングの最中に細胞は体細胞になる方法を忘れ、本質的に胚性幹細胞に変わる。そして完全に情報が消された細胞だけが、のちに分化して、生物体を構成するさまざまな細胞になれる。ところが、この段階はとくに効率が悪い。核移植後に発生する胚の数がごくわずかなのも、発生障害の頻度が高いのも、不完全なリプログラミングが原因と考えられている。

失敗する可能性の高い段階は、リプログラミングだけではない。たとえ細胞がちゃんとリプログラムされて、発生障害なく生育可能な胚になれたとしても、卵子が代理母の子宮に着床できないか、着床後に流産する恐れがある。考えられる要因は、たとえば生殖周期の理解がじゅうぶんではなかったとか、発生中の胚と代理母のあいだになんらかの不適合が存在するといったことだ。そうした不適合は同種間よりも異種間のクローンに起こる頻度が高い（脱絶滅実験においては、ゲノムの一部またはすべてが代理母とは異なる種のものになる）。そのうえ、どう考えても実験的操作は代理母にとってストレスが大きく、このストレスが流産率を高めるものと思われる。

神経質なアイベックスと交雑種という解決法

当然ながら、ブカルドのクローン作製実験においてもストレスは制約要因となった。この研究を率いる科学者チームは、ブカルドの細胞に取り組む前に、前述とはべつの、比較的一般的なスペインアイベックスの亜種で異種間クローンの作製実験を試みた。これにより技術が開発されてきちんと検証されたら、ブカルドに取りかかるという計画だ。

計画の実行には、スペインアイベックスの胚が必要になる。この胚を作るには、まずピレネー山脈のスペインアイベックスを捕獲しなくてはならない。それから捕獲したアイベックスを飼育し、生殖行動を観察して、雌の排卵をうながす方法を編み出す。うまく交尾が観察されたら、受精卵を採取し、発生中の胚を家畜のヤギに移植して、どうかうまくいきますようにと願うのだ。

スペインアイベックスの卵子の採取は、チームが予想したよりもはるかにむずかしかった。スペインアイベックスは険しい岩の斜面を登りなれていることから、施設の壁の高い桟に逃げこんで、人間による操作を免れようとした（図22）。なんとか卵子を採取できたと思ったら、すべて未受精だった。どうやら、飼育下の繁殖ではストレスが大きすぎて、交配に成功しないようだ。

チームはストレスの少ない手法を考案し、ようやく飼育下のスペインアイベックスから受精卵を取り出した。この成功がもたらした興奮はしかし、長続きしなかった。べつの重大なつまずきが明らかになったのだ。家畜のヤギに着床させた胚のうち、発生を続けたものはひとつもなかった。ど

図22　ブカルドのクローン作製プロジェクトで科学者たちの操作を免れる野生のスペインアイベックス。野生のアイベックスは垂直の岩面を登ったり狭い岩棚でバランスを保ったりすることに慣れているので、飼育下繁殖施設の細長い桟にやすやすと立って、研究チームの手を逃れることができる。写真提供：アルベルト・フェルナンデス＝アリアス

うやら、家畜のヤギの子宮はスペインアイベックスの胚には適合しないらしい。ブカルドのクローン作製にとっては悲しい報せだ。

遺伝学が解決の鍵だと確信していたチームは、べつの代理母――発生中の胚にもっと遺伝的に近い代理母――こそが必要であると結論をくだした。遺伝的に最も近い代理母は、スペインアイベックスの亜種になるだろう。ところが、スペインアイベックスは操作がむずかしく、飼育下の環境ではうまく繁殖できない。アイベックスをなだめすかして壁からおろす日々を送りたくないので、彼らは妥協した。交雑種を作ることに決めたのだ。家畜のヤギの雌をスペインアイベックスの雄とかけあわせれば、スペインアイベックスのDNAを五〇パーセント持つ仔ヤギができ、何よりも重要なことに、おそらくは地面に立って生きつづけるだろう。この交雑種の雌が成熟期に達すれば、スペインアイベックスの胚の代理母になるはずだ。

およそ一年後、チームはスペインアイベックスの胚をヤギとアイベックスの交雑種の雌に着床させ、どうかうまくいきますようにとふたたび願った。そしてなんと、半数の胚がぶじ妊娠状態を継続させて健康なスペインアイベックスへと育った。

ただし、この実験で成功率が高かった――着床させた胚の五〇パーセントが生存した――のは、核移植をともなっていないからだ。リプログラミングが必要な体細胞ではなく、生きたアイベックスから採取した健康な胚が用いられている。前述のとおり、このリプログラミング――ブカルドの脱絶滅においてははじめの一歩になる作業――は、きわめて成功率が低い。

脱絶滅の予期せぬ障害

スペインアイベックスの生殖補助技術を開発する過程で判明したことだが、仮にブカルドのクローン作製までたどりついた場合、家畜のヤギとスペインアイベックスの交雑種を代理母にすれば胚は育つ可能性があるが、純血種の家畜のヤギの胎内では育たない。進化の過程で枝分かれするさいに、二種間でクローンを作製するうえでの障害が生じていたのだ。

　脱絶滅に重要な事実として、こうした障害は進化上の距離が開けば開くほど増大しがちだ。進化上の近縁種がいない絶滅種には、代理母に適した現存種はいない可能性が高い。おまけに、アイベックスの実験によって、近縁種にもこの障害が存在しうることが判明した。また、ゲノムを編集したことが障害をもたらす可能性もある——たとえば胚と代理母との重要な相互作用を乱すかもしれない。このように、ごくわずかなゲノム編集しかともなわない脱絶滅プロジェクトですら、発生中の胚と代理母との予期せぬ不適合で挫折させられかねない。

　不適合のなかには、移植段階に達する前に明らかになるものもあるだろう。体細胞の核を導入する卵子細胞が体細胞と相性が悪かったら、リプログラミングが完全かつ正しく行なわれていようと、胚になる卵子はひとつもないはずだ。こういった問題は、体細胞の核ゲノムが卵子細胞のミトコンドリアゲノムと不適合な場合に生じてくる。

　ミトコンドリアは細胞質に存在する細胞小器官《オルガネラ》で、核ゲノムには属さない。生命体の細胞すべてに存在し、いずれも卵子細胞のミトコンドリアに由来する。そして独自のゲノムを持ち、このゲノムが細胞呼吸――細胞が酸素と糖分を用いてエネルギーを生じる過程――に必要なタンパク質の一部をコードする。細胞呼吸に必要なほかのタンパク質は、核ゲノムの遺伝子によって作られる。ミトコンドリアと核ゲノムが不適合な場合、これらの遺伝子も不適合になりかねない。もし、両者の遺伝子が協力しあって細胞呼吸を生じることができないなら、代謝性疾患、神経系疾患、さらには死さえも引き起こすだろう。これまでのところ、異種間のクローン作製では核のDNAしか移植されていない――いずれも、ミトコンドリアのDNAの移植をともなっていないのだ。

ブラウン大学のデイヴィッド・ランドの研究室において、核とミトコンドリアの相性が悪いと、それ以外の点では遺伝子的に正常な異種間交雑種にも異常な表現型をもたらすことが実証された。ランドの研究室は、キイロショウジョウバエの核のDNAとオナジショウジョウバエのミトコンドリアのDNAを持ったミバエを作り出した。このふたつのハエは、およそ五四〇万年前に枝分かれしている。核移植で誕生したゲノムが不適合なハエは、背にひげ状の逆立った毛があり、体長は通常の半分で、成長が遅く、生殖力が弱く、エネルギーの生成がなされないせいか適合ゲノムを持つハエよりも早く疲労した。

ミトコンドリアゲノムと核ゲノムの不適合は、脱絶滅の課題ではあるが、解決策が不明なわけではない。もしミトコンドリアが核ゲノムと適合しないなら、適合するミトコンドリアに置き換えればどうだろう。あるいは、問題のある箇所のミトコンドリアゲノムを編集するとか。これはたぶん、核ゲノムに用いるのと同じゲノム編集手法で実現できるはずだ。いずれの解決案も簡単ではないし、現段階では実現できない。とはいえ、いずれも理論上は可能性がある。

マンモス問題

クローン作製と出生前の発生段階に生じる問題についてある程度論じたところで、脱絶滅種の例としてマンモスに話を戻そう。前章で論じたとおり、今日、ゾウのゲノムを編集して少なくとも一部はマンモス版の遺伝子を持たせようと思えば、その技術は存在する。仮に、幹細胞かリプログラミングされて幹細胞になった細胞内でゲノムの編集が行なえたなら、次の段階に進むことができる。編集したゲノムを持ち、ひいては復活させたい形質を発現させているであろう、生きた動物を作る段階だ。

これを達成するには、細胞が発生して胚になる必要があるし、研究室でゾウは育てられないので、その胚は代理母に移植される必要がある。それから、胚は子宮壁に着床して妊娠を確立する必要がある。さらに、妊娠が問題なく継続し、最終的に、注意深く選んで入念に編集したマンモスの遺伝子を持つ健康な幼獣が誕生する必要がある。

編集した細胞を胚に変化させる最も簡単な方法は、卵子を用いることだ。卵子は、細胞を賦活化するタンパク質を持つ――つまり、すでに分化した細胞を初期状態に戻して胚性幹細胞に変える。編集したゾウの細胞を賦活化させる卵子として最適なのは、当然ながら、ゾウの卵子だ。ゾウの卵子は入手が容易ではない。アジアゾウは一度の排卵で一個しか卵子を放出しない。ひとたび放出されると、卵子は生殖系を通って子宮にたどり着く。妊娠していないゾウは二カ月から三カ月ごとに排卵する。核移植の効率がよくないことを考えると、二カ月ごとに一個の卵子を収集するだけでは――あくまで、ゾウの生殖系からその卵子を見つけられると仮定した話だが――じゅうぶんな数の卵子が得られない。成功にはゾウの卵子が数百個、ときには数千個も必要になる。率直に言って、ひどい仕打ちではないか。ゾウたちは健全な個体群の維持にじゅうぶんな数のゾウを産むのに苦労している。子宮を探られて貴重な成熟卵を盗まれるなど、何よりもやってほしくないことのはずだ。もし、ゾウの成体から成熟卵を採取することがゾウの卵子を得る唯一の手段なら、わたしはマンモスの脱絶滅研究をただちに中止すべきだと主張しているだろう。

　幸いにも、ほかの手段がある。一九九八年、パデュー大学とインディアナポリス・メソジスト病院先進生殖力研究所が、ゾウの卵子をこしらえるマウスを作った。この研究を率いたジョン・クリスター博士は、絶滅危惧種の生殖率を向上させる手段を開発したいと考え、手始めに、実験用のマウスを誘導して卵子を作らせようとした。研究チームは、クリスターが南アフリカのゾウの死骸から採取した卵巣の組織――未成熟の卵子が存在する組織――を、実験用マウス数匹に移植した。うち何匹かが卵子を作る卵胞を発達させて、一〇週間後、その卵胞のうち一個がやや形の歪んだゾウの卵子を作った。チームはその卵子をゾウの精子と結合させようとしなかったので、生存可能な胚になったかどうかはわからない。とはいえ、手始めとしては希望が抱ける。

　願わくば、一頭のゾウも危険にさらすことなくゾウの卵子を大量に集める効率的な手段が編み出されますように。そうすれば、ゾウの卵子を大量に集めてその核を除去し、代わりに、編集したゲノムを含む核を挿入できる。あとはただ、卵子がリプログラミングの魔術を行なうのを見守ればいい。ことが順調に運んで、生存可能な発生中のゾウの胚（ただし、少しばかり修正したゲノムを持つ）が得られたなら、雌のゾウの子宮に移植する。胚はそこで成長して赤ちゃんゾウ（ただし、少しばかり修正したゲノムを持つ）になるだろう。

ゾウの子宮の入り口は、処女膜と呼ばれる膜にふさがれている。この処女膜は妊娠期間中ずっと存在し、出産時に裂けたあと、また次の妊娠に備えてもとに戻る。ゾウの代理母で健全な妊娠を確立するには、胚と、なんであれそれを子宮に届けるための道具が、処女膜を傷つけることなくその開口部――精子のみ通過できるよう設計された四ミリの穴――を通り抜けることが不可欠だ。

これが可能だと仮定しよう。そして妊娠が成立し、胚が発生しはじめたと仮定しよう。次の段階は、妊娠の継続期間中ひたすら待つことだ。アジアゾウの典型的な妊娠期間は、およそ一八～二二カ月になる。願わくば、この期間中に、胚と代理母とのあいだにいかなる不適合も起こりませんように。代理母の遺伝子構造が、変化させた遺伝子の発現に影響をおよぼしませんように。代理母の食餌内容、ホルモン、ストレスのレベルが、変化させた遺伝子の発現に影響をおよぼす形で胎内環境を変えませんように。そして、代理母と新生児の双方にとって出産がうまくいきますように。

大きさの問題

脱絶滅のために異種間のクローン作製実験を設計するにあたって、関与するふたつの種の肉体的な相違を考慮に入れることが重要だ。後期更新世に生きていたマンモスは、大きさにかなりばらつきがある。最大のマンモスはアフリカゾウのうちでも大型のものとほぼ同じで、最小のマンモスは平均的なアジアゾウと同じかもっと小さい。こうした体躯のちがいが遺伝子により決定されていたのか、単に入手できる食糧の量や質のちがいを反映していたのかはよくわからない。いずれにせよ、このちがいが代理母を選ぶさいに重要になってくる。興味深いことに、これまでに見つかった赤ちゃんマンモスのミイラ二体は、体高がおよそ九〇センチと、アジアゾウの新生児とほぼ同じ大きさで、この事実からもマンモスに最近縁のこのゾウが無理のない代理母になりそうだ。

物理的な大きさのちがいは、妊娠、出産に問題を引き起こしかねない。たとえば大型猟犬のグレートデーンの精子が、チワワの受精に用いられたと想像してみよう。胚が発生しはじめ、利用できる空間を満たしていくが、その空間が尽きたら発生は止まってしまう。最終的に胚が死ぬか、母体が死ぬか、あるいは両方とも死にかねない。自然分娩を試みたら、母体はほぼ確実にひどく苦しむだろう。脱絶滅に話を戻すと、もし体格の大きいオーロックスが、はるかに小ぶりなイエウシのなかで育ったらどうなるのか。または、ジュゴンがステラーカイギュウを妊娠しようとしたら？　種間の大きさのちがいは、たとえ近縁種のあいだでも、代理母を提案するさいに考慮せざるをえない。

解決策のひとつは、絶滅種の小型版を作製することかもしれない。どの遺伝子、あるいは遺伝子群が体躯の決定に大きな役割を果たすのかを突きとめ、ゲノム編集技術を用いてそれらを微調整するのだ。その遺伝子を突きとめる有用な手がかりは、カリフォルニアのチャンネル諸島に住んでいたマンモスの個体群を遺伝子的に分析すれば得られるかもしれない。このいわゆるピグミーマンモスは、本土のマンモスが肩高四メートル以上、体重九〇〇〇キロ以上なのに対して、肩高わずか二メートルほど、体重もおそらく八〇〇キロ足らずなのだ。とはいえ、この案にはひとつ問題がある。小型のマンモスは妊娠が容易かもしれないが、通常の大きさのマンモスと生態系とのあいだの相互作用を復元するには大きさがじゅうぶんではない。したがって、ピグミーマンモスをよみがえらせても、マンモスを脱絶滅させる環境上の目的は達成できない可能性がある。

もうひとつの解決策は、代理母に全面的に頼るのをやめ、代わりに人工子宮を用いること。わたしが思い描くのは、オルダス・ハクスリーの小説『すばらしい新世界』で子どもたちを育てる人工子宮に類似したものだ。あるいは、もっと好ましいのは、映画『スター・ウォーズ　エピソード2』において惑星カミーノで人間のクローンを育てていた栄養剤入りの巨大フラスコだろうか。人工子宮のシナリオでは、胚は出産予定日まで完全な人工環境で発生する——体外発生と呼ばれる概念だ。現代医学は実用的な人工子宮と体外発生を成功させるにはほど遠いが、この領域の技術革新が新生児と周産期胎児の管理にいちじるしい影響を与えることはまちがいない。しかも、人工子宮を用いれば、代理母となる動物の苦しみは完全に回避できる。とはいえ、人工子宮の利用は、本物の子宮が正常なほ乳類の発生に不可欠ではないという仮定に基づく。この仮定が正しいか否かは、現在の科学ではまだ不明だ。

鳥類のクローン作製（不可能）

これまでマンモスの脱絶滅に焦点を絞ってきたが、議論の展開上、わたしが関与するもうひとつの脱絶滅プロジェクトに触れておこう――リョコウバトの復活だ。少し前に、核移植を用いたクローン作製になじまない種があると述べた。リョコウバトはそうした種のひとつだ。

鳥類は代理母の体内ではなく体外で発生することから、核移植によるクローン作製には望ましい選択に思える。ところが、核移植でクローンが作製された種の一覧に、鳥類はひとつもない。なぜなのか。

簡潔に答えると、鳥類はこの手法ではクローンの作製ができないから。

鳥類は、鳥になる長い旅を卵黄の形で始める。卵黄は、鳥類の卵巣に存在する未受精の単細胞――卵母細胞――だ。発生の第一段階で、卵黄が卵管に放出される。長々と渦を巻いたこの管をくだる旅の途中で、卵黄は精子と出会って受精する。その後、二四時間かそこらかけて、受精卵がゆっくりと卵管をくだり、ぐるぐる巻いた螺旋のあちこちにぶつかりながら落ちていく。途中、アルブミンと繊維質がしだいに卵を覆う。わたしたちが卵白と呼ぶものだ。移動しながら、受精細胞は分裂しはじめる。まわりに繊維質をぐるぐるまとって、卵黄内にしっかりと収まった状態で、卵管を抜けていく。卵管の末端、産卵される直前で、発生中の胚を覆う最後の層として硬い殻が形成される。母鳥の卵巣内から外の世界への旅を終えるころには、胚はおよそ二万個の細胞で構成されている。

いる。これらが分化してそれぞれ異なる種類の細胞になる。

この過程のどの時点で、核移植の実施が可能になるのか。ほ乳類の場合、核を除去して置き換えるための卵子は、成熟後、受精する前に、雌の生殖系から採取される。まさにこの段階で、体細胞の核をリプログラミングする準備がなされるわけだ。ところが鳥類の場合、発生のこの段階で卵を採取するのはきわめて困難だ。鳥類の生殖系は長く曲がりくねっており、卵黄を受精前に回収するのはむずかしい。産卵まで待ったら、胚の細胞はすでに分化を始めているだろうし、胚――繊維質の層にぐるぐる巻かれて卵にしっかり収まっている――は大きくなりすぎて取り出せない。たとえ卵を壊すことなく胚を取り出して置き換えることができたとしても、その胚はもとの胚と同じ発生段階でなくてはならない。実験室でこれほど最終に近い段階まで胚を育てるのは、きわめてむずかしい。というわけで、現在のところ、鳥類のクローン作製はけっして実現しないように思える。

幸いにも、べつの手段がある。鳥類が産卵するとき、胚はまだ発生の初期段階にある。始原生殖細胞――のちに発生中の胚の卵子細胞か精子細胞になる細胞――は形成されているものの、生殖器官はまだ存在しないので、そこに到達していない。産卵後二四時間ほど経過すると、始原生殖細胞は発生中の胚の血流に乗って(ちょうどできはじめたばかりの)生殖器官に達し、成熟して精子か卵子になるまでそこに留まる。

この始原生殖細胞が、鳥類を遺伝子的に操作する鍵となる。なにしろ実験室のシャーレ内で育てられるので、ゲノムの編集が可能だ。しかも小さいおかげで、発生の第二段階、つまり産卵ののち始原生殖細胞が形成中の生殖器官に向かう二四時間ほどのあいだに、卵に挿入することができる。

この方法で編集、挿入された始原生殖細胞は、胚にもともとある始原生殖細胞とともに移動して生殖細胞に到達する。そして成熟したあかつきに、その鳥の次世代を誕生させる作業に参加する。

遺伝子を編集された始原生殖細胞を含む卵から雛が孵っても、その雛自身は遺伝子的になんら変化はない。だが、その生殖器官のなかに、遺伝子を編集された細胞が隠されている。編集された遺伝子がはじめて出現するのは、雛が成長して自分の雛をこしらえたときになる。

この過程を、リョコウバトの脱絶滅に沿って見てみよう。リョコウバトの最も近縁の現存種はオビオバトだ。リョコウバトの脱絶滅プロジェクトの目標は（といってもまだ実験は始まっていないのだが）、見かけと行動がリョコウバトに似ているオビオバトを創造すること。実現するには、オビオバトの始原生殖細胞を分離し、実験室で育てる。それから、前述のゲノム編集技術を用いて始原生殖細胞のゲノムを編集し、オビオバト版の遺伝子をリョコウバト版に置き換える。編集したオビオバトの始原生殖細胞を、発生のしかるべき段階でオビオバトの卵に挿入する。この卵が孵って誕生する雛は、遺伝子的には純粋なオビオバトだが、生殖細胞（精子か卵子）の一部にリョコウバトのDNAが含まれる。そして、この編集された生殖細胞で作られた雛が、体じゅうにリョコウバトのDNAを持つことになるのだ。

生殖細胞移植によるクローン作製

生殖細胞を発生中の胚に移植してクローンを作製する方法は、核移植によるクローン作製にくらべて、重要な利点がひとつある。編集した始原生殖細胞をリプログラミングする必要がないことだ。これはきわめて大きい。では、なぜ人々の関心はマンモスのクローン作製に集中しているのだろう。リョコウバトやドードーのクローン作製のほうが、見たところかなり簡単そうなのに？

なぜ、ほ乳類のクローン作製にくらべて鳥類のクローン作製が注目を浴びないのか、理由は判然としない。始原生殖細胞の移植は、遺伝子的に編集した鳥を得る手段としてきわめて有効だ。技術そのものは鶏肉産業を念頭に開発されたものではあるが、すでに種の保全と純粋な科学研究のいずれにも使われている。脱絶滅目的にもうまくいくと考えるのが妥当ではないだろうか。

始原生殖細胞移植の応用例には、たしかに風変わりなものもある。クローン技術でドリーをこしらえたロスリン研究所は、この技術を用いて、紫外線を浴びると鮮やかな緑色に光るニワトリを創造した。北アメリカのオワンクラゲが持つ緑色蛍光タンパク質（ＧＦＰ）を、ニワトリのゲノムに挿入したのだ。このＧＦＰは、生命体の生物学的変化を追跡するために用いられている。たとえば、ＧＦＰを発現させる細胞の組織が、ＧＦＰを発現させない細胞でできた生物体に移植された場合、科学者たちは紫外線下でその移植細胞を観察して推移をたどれる。もし、発光するニワトリを研究に使いたい科学者がいるなら、ロスリン研究所のウェブサイトで注文すればいい。

発生中の胚に始原生殖細胞を移植する技術は、発光させるだけでなく、ニワトリの稀少種または絶滅危惧種の個体数を増やすためにも用いられている。始原生殖細胞は、発生中の胚を殺すことなくその血液から採取できる。採取後は実験室で生かしつづけられ、一般的な品種の発生中の胚に導入される。これらの鳥が性的に成熟すると、稀少種の精子（卵子よりもはるかに楽に採取できる）で受精する。始原生殖細胞から発達した卵子が受精したら、結果的に、一般的な品種のニワトリが産んだ卵から純粋な稀少種のニワトリが孵ることになる。

鳥類の脱絶滅という観点から行なわれた始原生殖細胞の移植のうち、最も胸躍らされるのは、異種間で成功した事例だ。ドバイのセントラル・ベタリナリー・リサーチ・ラボラトリーは、ニワトリの始原生殖細胞をカモの卵に挿入した。卵から孵った雛は、見かけは完全なカモだった。なにしろ、第一世代では精子細胞だけが異なるのだ。その後、科学者たちは誕生したカモから精子を採取し、雌のニワトリを受精させた。この雌のニワトリが産んだ卵が孵ると、完全なニワトリの雛が産まれた。ただし、父親はカモなのだ。

さらに言うなら、この手法で異なる種を産んだ生物は、カモとニワトリだけではない。先ごろ、東京海洋大学の吉崎悟朗教授がニジマスの生殖細胞をヤマメの成体の生殖器官に移植した。この成体が繁殖すると、その卵の一部からニジマスが孵った。ニジマスとヤマメは近縁種であり、だからこそ実験が成功したのだろう。とはいえ、この技術が魚類のほかの種に拡大される望みはある。吉崎はまた、クサフグを用いてトラフグをこしらえた実績があり、現在はサバを使ってクロマグロを生み出そうとしている。もし成功したら、自然界から稚魚を取り去ることなくツナの製造量を安価に増やす方法がもたらされるだろう。

生殖細胞の移植はまちがいなく画期的な技術で、保全生物学においてさまざまな用途が考えられる。とはいえ、脱絶滅の目的で生殖細胞を用いるには難点がいくつか存在する。

まず、始原生殖細胞は単数体だ——つまり、精子か卵子のいずれかにしかならない。編集されたゲノムを持つ精子が編集されたゲノムを持たない卵子を受精させた場合（その逆の場合も）、子の二倍体のゲノムは編集された遺伝子をひとつしか持たない。したがって、編集の成果は子どもの表現型に出てこないかもしれない。編集した遺伝子をふたつ持つ子を作るためには、精子と卵子、双方のゲノムを編集する必要がある。

第二に、最終的に生殖器官に到達する始原生殖細胞は、挿入した始原生殖細胞だけではない。前述のカモの例では、ニワトリの父親となったカモの精子は、混合体だ――一部はカモの精子で、残りはニワトリの精子なのだ。カモの精子がニワトリの卵を受精させても、何も起こらない。交雑種の〝カモニワトリ〟は誕生しない。だが、ニワトリの精子――このカモがまだ発生中の胚だったころに卵に挿入されたニワトリの始原生殖細胞から派生した精子――がニワトリの卵を受精させたなら、ニワトリが誕生する。そのゲノムは純粋なニワトリのゲノムそっくりになる。にもかかわらず、父親はカモなのだ。

第三に、これまで行なわれた実験では、挿入した始原生殖細胞が成長して次世代になる効率がよくなかった。最終的に作られた卵子と精子のごく一部だけが、挿入した始原生殖細胞からできたものだ。

ロスリン研究所のマイケル・マックグリューはこれらの課題を克服する計画を温めている――始原生殖細胞を作れないよう遺伝子を操作したニワトリだ。これらのニワトリに卵子なり精子なりを作らせる唯一の方法は、発生の適切な段階に始原生殖細胞を挿入すること。そうすれば、編集したゲノムを含む卵子を一〇〇パーセント持つ雌鶏と、編集したゲノムを含む精子を一〇〇パーセント持つ雄鶏の雛が誕生する。両者をかけあわせれば、一〇〇パーセント遺伝子を編集された子が誕生する。

始原生殖細胞を遠縁の鳥類間で移植する実験は部分的に成功を収めているが、今後の応用にはまだ制限がありそうだ。たとえばニワトリは、モアやリュウチョウの胚を含む卵を産むのに苦労するだろう（だから、そんなことをさせるべきでない）。また、母親のホルモン環境と遺伝環境が――たとえ発生の最初の二四時間にすぎないにしても――胚の初期発生になんらかの役割を果たすのはほぼまちがいない。とはいえ、この技術は画期的で、鳥類の多様性を保全するにあたって必ず有用になるはずだ。最低でも、ニワトリの種間においては。

そしてひょっとしたら、いつかニワトリがドードーの雛の入った卵を産むかもしれない。もしそうなったら、次の問いは、そのニワトリはドードーの雛をどうするのか、ということだ。

第9章 数を増やす

二〇〇四年、一二名の著名な学者——保全生物学者、古生態学者、ほ乳類学者、群集生態学者ら——が、ニューメキシコ州チワワ砂漠にあるテッド・ターナーのラダー・ランチに集まって、北米の種の多様性にかかわる夢想的な計画を策定した。彼らの提案は、北米大陸にわずかに残された手つかずの野生環境に大型動物（おもに絶滅危惧種）を導入するというものだ。それにより、北米で減りつつある種の多様性を守る。そしてあわよくば、ほかの絶滅危惧種にも、安全に暮らせて生存確率が増える住みかをあらたに提供する。

計画の前提となるのは、単純明快な仮説——〝大型の動物はどんな生態系にも不可欠である〟だ。栄養素を再循環したり、種子をばらまいたり、土壌を掘りかえしたり、樹木を押し倒したりといったことに、大型の動物は重要な役割を果たす。なのに、いまや北米の大地から消えかかっている。

もっぱら、人間がしでかしたひどい所業のせいだ。北米をもっと均衡のとれた状態に回復させるには、これら大型の動物を復活させる必要がある。

この学者グループの主張によると、生態系の回復の試みは、数百年前にヨーロッパ人がはじめて足を踏み入れたときに存在していた植物相、動物相の復元に力が注がれがちだ。ところが、更新世の氷期に大地を支配していた大型の動物は、その時点にはもう大半が消えていた。だから、北米復元の基準線としてもっとふさわしいと思われる時代までさかのぼろう、と学者グループは提案する。望ましい目標地点は、更新世後期――人類が登場する前、そして大型動物群が大量絶滅する前だ。更新世後期は、大型の草食動物が植物群集の多様性を維持するかたわら、さまざまな大型肉食動物の群集に捕食されていた時代になる。当然ながら、更新世の大地は、ヨーロッパ人入植者がはじめて訪れた時点とはかなり異なっていたはずだ。

更新世後期の北米大陸を復元する試みは困難をともなうだろう。当時大地を支配していた種の多くが、すでに絶滅しているのだから。もちろん、すべてが消えたわけではない。一部の種は、分布範囲がかなり狭まろうとも生き残っている。たとえば、アメリカバイソンや巨大なサバクガメ。これらの種は、かつての生息地に残されたしかるべき生息環境に再導入できる。絶滅してしまった種、たとえばラクダ、ウマ、マンモスなどは代用物で置き換えればいい――その大型動物群が消えたときに空白になった生態的地位を埋められる現存種だ。妥当な代用物が見つかれば、絶滅した近縁種がかつて占めていた生息環境に、それらを導入できる。

復元計画は、小規模に始めて段階的に進めることになる。まず、メキシコゴファーガメをチワワ砂漠に再導入する。チワワ砂漠はメキシコ中央部から北へ、テキサス西部やニューメキシコおよびアリゾナの一部にまで広がっている。メキシコゴファーガメは現存する北米最大の陸生爬虫類だ。更新世にはチワワ砂漠のあちこちに分布していたが、いまやメキシコ北中部の小さな半保護区にかぎられている。幸いにも、かつての分布域のなかに理想的な再導入環境がまだいくつかある。たとえばテキサス州のビッグ・ベンド国立公園もかつての生息地であり、そこに再導入されれば、メキシコゴファーガメはすぐに束状草類《バンチグラス》を食べて穴を掘る作業に戻るだろう。再導入がビッグ・ベンド国立公園の既存生態系をいちじるしく変える恐れは少ない。せいぜいが有益な形で土壌を乱すくらいだ。また、生存にあたって人間の大幅な介入を要する可能性も低い。目につく再導入の影響として最たるものは、公園内の観光客数の増大になるだろう。なにしろ、八〇歳の大型ガメを自然の生息環境で眺められるのだから。

カメのあとは、ウマ、ロバ、ラクダを北米西部の自然保護区のあちこちに導入する。野生化したイエウマやロバだけでなく、ユーラシアの野生の近縁種——モウコノウマとアジアノロバ——も対象にする。さらに、ラクダも加える。可能なら野生のラクダが望ましいが、家畜のラクダでもこと足りる。

なぜ、これらの種なのか。現存のウマやラクダの祖先が北米に生息していたころ（じつはウマもラクダも北米で進化した）、大型の草食動物によって木本植物が大量に食べられていた。おかげで土地が開けてほかの種類の植物が繁茂し、植物の多様性が増した。植物の多様性が増せば増すだけ、大型、小型ともに草食動物の多様性も増す。ひいては、多様な肉食動物を養えるようになる。大型の草食動物はまた、栄養素と種子を効率的にばらまく役割も果たす。歩いたり駆けまわったりして足で土壌を掘りかえし、体で種子を遠くまで運び、排泄物で土壌を肥やす。更新世の北米が多様な動物相を支えられるほど多様な植物相を保てたのは、ひとつには、これらの動物が生態系内に存在して一定の役割を果たしていたおかげだ。ウマやラクダを再定住させれば、こうした生物多様性の回復に役立つかもしれない。

当然ながら、ウマやラクダを北米の荒れ地に導入するのは、メキシコゴファーガメを砂漠の農場や国立公園に導入するよりも議論の余地がある。野生化したイエウマやロバを家畜と競合する有害動物とみなす人々もいる。どんな再導入計画にせよ、土地を利用する人々の要請と生態系にもたらされる恩恵との均衡を図るべきだ。なんらかの方策を編み出して、なぜこれらの動物を放すことが生態系に望ましいのか人々に理解してもらい、これらの動物と接触あるいは摩擦を生じたときにどう対処すべきか教えなくてはならない。同じくらい重要なのは、導入した個体群を管理し、再導入による負の影響を軽減するための法的な指針を設けることだ。導入する種の一部——たとえばフタコブラクダなど——は、北米に固有の種ではない。したがって、法学者や野生生物管理者たちの創造的な新しい発想が必要になってくる。最後に、メキシコゴファーガメはおそらく人間の介入なしに適度な大きさの個体群を保てるが、ウマ、ロバ、ラクダは抑制しないと爆発的に増えて、導入によって保全しようとした生態系に破壊的な結果をもたらしかねない。考えてみれば、これら大型の草食動物は更新世の全盛期に、いまや絶滅した大型肉食動物によって数を抑制されていたのだ。

というわけで、計画の次の段階に移ることにしよう。チータとライオンだ。

それから、ゾウ。

アフリカのチータ、アフリカのライオン、アジアとアフリカのゾウを、北米大陸に移す。

絶滅したアメリカラクダ（*Camelop*）の代用物としてフタコブラクダが提案されたのと同様に、絶滅したアメリカチータ（*Miracinonyx*）がアフリカのチータに置き換わり、絶滅したアメリカライオン（*Panthera leo atrox*）の代理をアフリカのライオンが務めるだろう。そしてアジアとアフリカのゾウが、かつてマンモスやマストドンやゴンフォセレが占めていた生態的地位を埋める。

はっきりさせておきたいのは、この計画はアフリカやアジアから動物を捕まえて北アメリカに連れてくるのではなく――計画を公開したのちに数多く寄せられた激しい非難のひとつがこれだったが――すでに北米で飼育環境にいる個体を探し出し、より本物に近い自然環境に移すというものだ。

言うまでもないが、北米を野生に戻すこの計画が穏やかに受け止められるはずがない。『ネイチャー』誌に掲載された二ページの論文[1]の主執筆者、ジョン・ドンランのもとには、一般の人々から大量の反応が寄せられた。彼によれば、反応は賛成と反対双方の立場からで、おおむね予想の範囲内だったという。だが予期せぬものもいくつかあった。熱烈な賛成者のなかに、ひと握りではあるが、胸を躍らせる農場主たちがいたのだ。ゾウを使って農場に低木が生い茂らないようにできる、現在使っている重機よりもゾウのほうが運用費はかなり抑えられるだろう、と。農場主たちは当然ながら、大型のネコ科動物の導入には熱意を示さなかった。

うながされる進化

再野生化運動の背後にある動機は、わたしが脱絶滅に関心を寄せる動機に近い。再野生化の支持者たちは、絶滅によって悪影響を受けた生態系に多様性を取りもどそうとしている。失われた多様性を回復して失われた異種間の相互作用を再創造することで、はるかに豊かで多様な動植物の群集を繁栄させたいのだ。脱絶滅でも同じ目的を果たせるが、ひとつだけ小さいながらも重要な相違点がある。ドンランたちが提案する北米の野生化計画では、アジアとアフリカのゾウを導入する。ところが、いずれのゾウも北米に住んだことがなく、進化した環境より冷涼な北米の気候にさほど適応できそうにないのだ。脱絶滅計画もまた、現存のアジアゾウとアフリカゾウが生存できないと思われる生息環境に、ゾウを導入することをめざす。だが、まずは、そのゾウを涼しい気候に住めるようにしておく。つまり、寒冷気候に適応した近縁種――マンモス――が進化させた形質を復元し、それをゾウのゲノムに挿入するわけだ。

まさにこの手法――現存する生物体のゲノムに過去の適応を復元する手法――によって、脱絶滅は、種の多様性の保全と野生または半野生の生息環境の管理における強力な新しいツールとなるだろう。たとえば、マンモスの脱絶滅について考えてみよう。マンモスの脱絶滅を支持していながら、絶滅を脱したマンモスがシベリアのツンドラで果たす生態系的な役割を気にかけない人たちもいる。いや、シベリアのツンドラにたどり着けるかどうかすら気にしない人たちもいる。動物園か公園で眺めて、うまくいけばその背中に乗ることができるなら、あとはどうでもいいと考える人たちだ。だが、わたしやジョージ・チャーチやセルゲイ・ジーモフたちは、絶滅を脱したマンモス——より正確に言うなら、遺伝子を組み換えられたアジアゾウ——がシベリアのツンドラを変えるかどうかに、大きな関心を寄せる。もっと言うなら、彼らがシベリアのツンドラを活性化させる可能性こそ、まさに、わたしたちがこのプロジェクトを支持する動機なのだ。

では、寒さに耐性があるゾウを導入すれば、シベリアのツンドラにどんな恩恵があるのか。この数年、セルゲイ・ジーモフは更新世パークのなかで地道に研究を行ない、大型の草食動物——バイソン、ジャコウウシ、ウマ、数種のシカ——がほぼ不毛なツンドラをわずか数シーズンで豊かな草原に変えうることを証明してみせた（図23）。しかけは単純だ。彼らはツンドラを踏みつけて草を食み、土壌を掘りかえし、種子をばらまき、栄養素を再循環させる。食べられたおかげで草の生長がうながされ、ひいては飼草の繁茂密度も栄養的な質も増す。育つ草のすべてが夏のあいだに消費されることはなく、シベリアの厳冬に動物たちを養えるだけの量は残される。降雪後、草食動物たちは草原の最も豊かな地域を足繁く訪れては、雪を踏み荒らし、その下のあらゆるものを食べる。地上部分の草はすっかり食べつくされる。地下では、根が無傷で残される。こうして、ジーモフの研究により、草食動物と北極の草原の相互作用が自給的であることが証明されたわけだ。この相互作用のいずれか一方が消えたら、もう一方も消えてしまう。

ジーモフは、大型草食動物を生態系に戻すだけで、シベリアのツンドラを更新世の冷涼ステップさながらの豊かな草原に変えられると信じている。復活した冷涼ステップは、野生のウマ、サイガ、

図23　セルゲイ・ジーモフの“更新世パーク”の春。雪が解けたのちの放牧地と非放牧地。10年前、この地域はヤナギの藪がどこまでも続いていた。今日、初春の放牧地（手前）には緑の草が生い茂り、土があらたに掘りかえされている。冬にこの土地に戻された草食動物が草を食む過程で雪を踏み荒らし、土壌を冬の寒気にさらしたおかげだ。写真撮影：セルゲイ・ジーモフ

アムールトラといったほかの絶滅危惧種に資源や生息環境を提供するだろう。だがジーモフは、その更新世パズルに欠けている重要なピースは、ゾウに匹敵する大きさの動物だと主張する。群集において、大型の草食動物は小型の草食動物とは異なる生態系的役割を果たす。たとえば樹木を押し倒し、藪を踏みつぶし、種子や栄養素を小型の草食動物よりもはるかに遠くまで運ぶ。

もうひとつ、シベリアのツンドラで大型の草食動物が草を食む恩恵として、もっと重要になりそうなものがある。シベリアの土壌の最上層は季節ごとに凍ったり解けたりするが、その下の層は年間を通じてほぼ一定の温度を保つ。この一定の温度は、気温の年間平均にほぼ等しいが、ひとつ大きな但し書きがある。冬のあいだ、シベリアの大気は零下五〇度にまで下がることがあ

る。ところが、永久凍土の上に積もった雪がきびしい寒さを遮断し、比較的温かく保っている。マンモスをはじめ氷河時代の大型動物群が絶滅する前は、ある場所では雪がすっかり取り除かれ、べつの場所では踏み荒らされて、断熱効果が損なわれていたはずだ。土壌の温度は今日よりも大幅に低かっただろう。更新世パークでは、草を食む草食動物の数が少なすぎて同じ効果はもたらされないが、それでも、小規模な影響はある。草が食まれた土壌は、食まれなかった土壌にくらべて、冬の期間中一五から二〇度冷たいものとジーモフは推測する。

科学者の推計によれば、現在、北極の凍土に一兆四〇〇〇億トンもの炭素が閉じこめられている――今日の地球の大気中のおよそ二倍だ。地球の温暖化にともない、凍土が解けてそこに閉じこめられていた炭素が放出されつつある。もしジーモフの説が正しいなら、シベリアにマンモスを再導入――というより、寒さに耐性のあるアジアゾウをシベリアに導入――すれば、地球の大気中に温室効果ガスが蓄積するペースを、ひいては地球温暖化のペースもゆるめられるはずだ。

重要なことに、このシナリオではマンモスの復活は必要とされない。必要なのは、マンモスの代用物、つまりシベリアで生存できるよう遺伝子を編集されたゾウなのだ。

一頭から地道に増やせば個体群ができる

一頭のゾウでは、いかに多くの遺伝子を変えてあろうと、いかに環境に適応して暮らせようと、裸地を草木の生い茂る多様な生態系には変えられない。だが、脱絶滅の最初の局面――生物体を一体創造すること――が完了した時点では、まさにこの状況になる。壮麗で健康な、遺伝子を組み換えられたゾウが一頭。ここまで到達しても、更新世パークを歩きまわる姿はやはり見られない。同じ作業を繰り返さなくてはならない。

脱絶滅の第二局面――個体群を野生環境下に放つこと――を着実に進めるには、三つの問いに答えを出す必要がある。一、復活させた種の健全な個体群を形成するには、何頭の個体がいるのか。二、その個体群を持続可能にするには、遺伝的多様性がどのくらいあるといいのか。三、この個体群をいずれ野生環境に放つためには、どこで、どんなふうに飼育、教育するべきか。

遺伝子を組み換えた個体の存続可能な群れを形成するには、いくつかの選択肢がある。ゲノム編集の効率がいちじるしく向上しないかぎり、必要な変更をすべてゲノムに施した細胞はひとつしか得られないだろう。この細胞を同一細胞のコロニー――しばしば細胞系と呼ばれるもの――に育てたあと、その細胞系から複数の細胞を用いて核移植によるクローンを複数作れば、個体の数を増やせる。だがこの手法では、誕生した個体はすべて遺伝子的に同じで、結果的に、個体群に遺伝子の多様性が存在しない。そこで、べつの選択肢として、遺伝子を編集した個体を編集していない個体とかけあわせる方策が考えられる。これで個体群の遺伝的多様性は増すが、無編集のゲノムが個体群に混ざりこんだ結果、苦労を重ねて編集した遺伝子が失われかねない。三つめの選択肢は、またゼロから始めて、ちがう個体から分離した細胞にふたたびゲノム編集を行なうことだ。この手法も遺伝的多様性を増やすが、表現型が同一になるどころか、望む表現型を持つ生物体すら得られない可能性がある。ゲノムはひとつひとつ異なり、ゲノム内のすべての遺伝子が相互作用することから、ある細胞で望む表現型をもたらした編集が、べつの細胞のゲノムと相互作用したときに同じ結果を生むとはかぎらないのだ。

遺伝子を編集した個体をひとつ作製するだけでも大変で、さらに二体めとして、遺伝子を編集してありながら最初の個体のクローンではない個体を作製することが同じくらい大変だとすれば、一歩退いて、遺伝的多様性がほんとうに個体群の生存に必要なのか問うべきだろう。はたして、苦労して遺伝子的に多様な個体群を創出する必要はあるのか、と。

答えは、おそらくある、だ。

個体間の遺伝的相違は、適応進化の土台となる。もし、個体群のすべてが同じ遺伝子型を持つなら、表現型も同じか、きわめて類似したものになるだろう。つまり生き延びて生殖する可能性も等しい。当然ながら、生き延びない可能性も等しくなる。たとえば、ある病気が個体群内に蔓延したら、みんなが等しくその病気にかかりやすいことになる。また、環境が急に変化したら――深刻な干魃が発生したり、重要な食糧源が消えたりしたら――ほかの個体よりも変化にうまく適応できる個体はひとつもないだろう。遺伝的多様性が高い個体群は、病気や環境の変動を緩和できる。群れの一部が、ほかの個体よりも生き延びて生殖できる可能性が高いからだ。このように、遺伝子的に多様な個体群は適応力が高いおかげで生き延びられる。

とはいえ、高度な多様性は絶対的に必要なものだろうか。遺伝子の多様性が低いと健全性が損なわれ、生殖の成功率が低減し、身体的な異常につながりかねない。テキサスのヒョウとの交配が行なわれる前にフロリダのヒョウによく見受けられた、ゆがんだ尾がその一例だ。ただし、遺伝子の多様性はきわめて低いのに、生存能力にさしたる重大な影響がない種もある。たとえば、ホッキョクグマは遺伝的多様性がきわめて低いが、少なくとも一〇万年前から、多様性を変化させていない。その間《かん》、ふたつの氷期と現在の暖かい間氷期を生き延びている。とはいえ、今後は、遺伝的多様性がないせいで、適応した生息環境が消えるにつれて数が減っていくかもしれない。遺伝的多様性が高ければ高いほど、あらたな組み換えが生じて多様性が増す可能性が高まり、ひいては異なる環境で生存できる表現型が数多くもたらされる。

どう考えても、遺伝的多様性とそれがもたらす適応力は重要だし、健全な個体群がすべて同じクローンで構成されるなどありえない。こうした多様性の問題への、最も簡単とは言えないだろうが最も採りうる解決策は、異なる個体から採取した細胞を編集し、複数の細胞を用いて遺伝的多様性のある個体群を生み出すことだ。細胞内のゲノムを編集するさいには、用いる細胞すべての染色体を二本とも同じように編集する必要がある。編集対象の座を遺伝子的に同一にして、個体群が野生環境に放たれたのちも目的の表現型を維持するためだ。

復活させた個体の群れを作るさい、遺伝的多様性は考慮すべき重要な要素だが、その種が長期的に生き延びられるか否かを決定する要素はこれだけではない。もし、現存する霊長類の遺伝的多様性を調べて、その情報をもとに最も保護すべき種を決定したら、結論にわたしたちはショックを受けるだろう。最も遺伝的多様性が低い霊長類は……なんと、わたしたちなのだ。人類は遺伝的多様性がほとんどないのに対し、チンパンジーやゴリラなどほかの霊長類はそこそこ多様性を保っている。遺伝的多様性のある個体群を生むことは脱絶滅に重要ではあるが、結局のところ、何よりも重要なのは、個体群を放つ安定的で健全でじゅうぶんに広い野生の空間を見つけることなのだ。

一体の誕生から多数の飼育へ

脱絶滅の第二局面は複数の個体を作ることだけでなく、その個体を飼育したのちに飼育下から出して、野生環境下で個体群を確立させることだ。理想を言うなら、この第二局面の終わりには、環境変化に対応できる遺伝子的に健全で健康な自立した個体群が複数確立していてほしい。当然ながら、第二局面は第一局面よりもいっそう難易度が増す。

まず、幼獣が育って成体になる必要がある。肉体的にも行動的にも発達したうえで、発現するよう編集された形質を持たなくてはならない。おそらくは、野生環境に放てるほどたくさんの個体が得られるまで、数世代が飼育下で生まれ、育てられるだろう。場合によっては数十年ものあいだ飼育下で育つこの個体群は、ただ生き延びるだけでなく、生活のしかたも学ぶ必要がある。自分たちを養って守る方法、他者と交流する方法、捕食されない方法、伴侶を選ぶ方法、わが子を親として世話する方法を学ぶのだ。したがって、飼育下でいかにうまく暮らせるかが、脱絶滅の望ましい候補種か否か判断するさいに重要になる。

人類は飼育下で生物を育てて繁殖させる経験を積み重ねてきた。わたしたちは長年、動物園や農場、繁殖センター、さらには自宅ですらも動物を育てている。この経験から、種によって飼育環境への反応が異なることを知っている。すくすくと育つ種もある——彼らは野生環境に住む同種の個体よりも健康的で、長生きで、たくさんの子に恵まれる。ひどく苦しむ種もある――平均寿命が縮み、めったに繁殖せず、動物園のホッキョクグマによく見られるような、繰り返し体を揺すったりうろうろしたりといった心理的障害の兆候を示すことさえある。脱絶滅の候補種が飼育下でいかに暮らすかを知ることが、プロジェクトの成功には必要不可欠だ。

遺伝子を編集した動物を育てるさいに念頭におかなくてはならないのは、その動物に見られる形質――身体的、行動的な形質のいずれも――が編集したゲノムではなく、飼育下環境のプレッシャーによって生じている可能性だ。飼育下のさまざまなプレッシャーがいかに動物の外観を変えるかを示す興味深い実例が、ロシアのギンギツネの野生個体群に存在する。一九五九年、ロシア人生物学者でのちにロシア科学アカデミーの細胞学・遺伝学研究所所長になったドミトリ・ベリャーエフが、一三〇頭の野生のギンギツネをノヴォシビルスクの研究所近くの農場で繁殖させはじめた。どの世代についても、よく人馴れした個体だけを繁殖させることにした。わずか四世代のちに、ギンギツネは飼い主が近づくと尾を振りはじめた。そして数十年後、野生のギンギツネたちは、甘えた声で鳴き、尾を振り、飼い主の腕に飛びこんで手を舐める個体群に変容してしまった。行動の変化もさることながら、肉体的な変化もじつに興味深い。下の世代には、垂れた耳、丸まった尾あるいは短くなった尾、外被の色が野生環境では見られずほかの家畜を連想させるものが見られたのだ。

飼育下で生まれ育った動物は、野生の近縁種とは見かけも行動も異なることが多い。野生の個体よりも消化管が短くなったり、脳の大きさがちがってきたり。また、性的能力を誇示する形質がさほど目立たなくなり、ひいては、野生環境で伴侶を見つけたり奪いあったりする能力に影響がおよぼされる。行動のちがいはいっそう問題をはらむ。飼育下の動物は、たとえば捕食を回避するすべを学ぶ必要がないし、社会的な摩擦がない、または不自然な社会構造が形成される。こういったことも、防衛行動や性行動の変化につながりかねない。飼育下でじゅうぶんな空間または刺激がないと、ストレスに押しつぶされて、深刻な心理的障害を示す種もある。飼育下のキリンが壁を舐めたり、大型のネコ科動物やクマが自傷行為に走ったりするのがそうだ。さらに、ストレスは生理機能にも影響をおよぼし、繁殖力を弱めることが多く、ときには完全に生殖能力を抑制してしまう。

飼育下繁殖はまた、意図しない遺伝子変化につながって、ゲノム編集の結果の解釈が複雑になりかねない。飼育下で暮らすと、食糧を探し、被捕食を回避し、病気と闘うなどの必要がないせいで、選択圧がゆるむ。また、野生環境では生存のための形質が好まれるのに対し、飼育下では、その環境において繁殖の成功率を増やす形質が好まれる。最終目標がこれらの個体を野生環境に放つことであるなら、望ましい状況ではない。

数多くの種が飼育下環境でさまざまな問題を体験することから、ある種が脱絶滅のこの段階にどのくらいうまくやっていけるか前もって予測する方法があれば役立つだろう。わたしたちはつい、現存する近縁種の状況にもとづいて、ある絶滅種が飼育下でいかにうまく暮らせるかを推測したくなる。とはいえ、動物園など飼育下繁殖施設が示すデータから、進化上の近縁種間ですら、飼育下環境への反応がいちじるしく異なることがうかがえる。たとえばクジラ目の動物のうち、サラワクイルカやイシイルカはプールの壁に体当たりするなど自傷行為に訴えて餌も拒むのに対し、ハンドウイルカやスナメリは飼育下でも見たところ機嫌がよく遊び好きで、繁殖率も野生の個体で観測される数字より高い。

飼育下でうまく暮らせるのは、たいていの場合、人間に近い場所で繁栄する種だ。たとえば、クマネズミやハツカネズミなどときに〝侵略的〟と描写される種や、都会の環境でもうまく暮らせる種がある。困難にもうまく対処でき、捕食者やあらたな資源への対応が柔軟だ。ある意味、飼育下でうまく暮らせる種は、そもそも絶滅する可能性がさほど高くないと言える。

マンモスに立ちはだかる、さらなる課題

残念ながら、ゾウは飼育下ではうまく暮らせない種に相当する。アフリカゾウもアジアゾウも、動物園のなかより野生環境下のほうが長生きする。動物園のゾウは肥満、関節炎、感染症にかかりやすい。とくに足が悪くなりがちだ。おまけに、いずれの現存種も動物園では生殖に苦労している。排卵周期が乱れて予測不可能になり、出生率が下がって、乳児死亡率が上昇する。動物園に暮らすゾウの多くが心的苦痛の兆候を示して、繰り返し体を揺すったり、ほかのゾウにひどく攻撃的になったり、ともすれば幼獣を殺したりする。食糧も水も医療も提供されているのに、どうやら、最も基本的な欲求が満たされていないのだ。

ゾウは利発で社会的で広範囲を歩きまわる動物として知られ、たいていの場合、囲い地に閉じこめられた状態ではその欲求を満たすのはきわめてむずかしい。マンモスのＤＮＡがわずかに入ったゲノムを持つゾウについても、ゲノムを編集されていないゾウの肉体的、精神的な欲求と大きく異

なるとは考えにくい。もし、将来の脱絶滅プロジェクトにゾウが使われるなら、飼育下のゾウ、野生環境に放たれるゾウ双方の生活状態を改善することに真摯な努力を傾けなくてはならない。たとえば、これらの個体が繁殖、生活する囲い地を設計したり、社会的、知的な欲求が満たされるよう野生環境下でじゅうぶんな個体数を確保したり、といったことだ。

飼育下繁殖のむずかしさは、種によって大きく異なりそうだ。毎年かなりの長距離を移動する種はとくに向いていないと思われる。この行動様式にじゅうぶんな空間を再現するのはきわめて困難だからだ。もし、社会集団との交わりによって移動経路が学習されるなら、科学者はその学習過程をどうやって再現すればいいのだろう。

リョコウバトは渡りの鳥ではない。とはいえ、大きな群れの維持にじゅうぶんな果樹がある森を求めて遠距離を飛ぶ。リョコウバトの若鳥はこの行動様式を、頭上を飛ぶ群れに加わって実地で学ぶ。二〇一三年三月のTEDxイベントにおいて、ベン・ノヴァクは、復活させたリョコウバトに餌の探しかたを教える計画を発表した。数百、数千羽の伝書バトをリョコウバトに似た色に塗り、繁殖コロニーの上空を飛ぶよう仕込む。〝代用群れ〟と呼ばれるこの集団に、リョコウバトの若鳥が本能にしたがって加わる。そして代用群れが、アメリカ北東部各地に設けられた餌場まで若いリョコウバトを誘導する。リョコウバトの個体群が大きくなるにつれて、群れ内の代用バトの数が減らされていき、最終的にリョコウバトだけが残る。訓練されて色を塗られた伝書バトの群れを通じ、行動様式をたたきこまれた個体群だ。

飼育下環境が引き起こすストレス、繁殖上の問題、選択圧の相違がもたらす遺伝子への影響、適切な社会的相互作用の不足といった要素が合わさって、種の保全を目的とした飼育下繁殖プログラム――絶滅危惧種を囲い地で育てて最終的に野生環境に放つことを目的としたプログラム――の成功にむらが生じている。リョコウバトに餌の探しかたを教えるベン・ノヴァクの提案のような、絶滅した行動形質を飼育下で復活させる戦略は、場合によっては強引すぎてうまくいくとは思いにくい。飼育下繁殖は、まちがいなく脱絶滅のもうひとつの高い障壁だ。

とはいえ、飼育下繁殖は、次の局面でぶつかる障壁ほど高くはない。その局面とは、遺伝子を編集した生物体を野生環境に放ち、自立させることだ。

第10章 野生環境に放つ

カリフォルニアコンドルはかつて、北はブリティッシュコロンビア、南はメキシコ、東はニューヨークまで広範囲に見かけられた。この大型の鳥は、もっと大型の氷河時代の動物、たとえばマンモスやウマなどの死骸を餌にしていた。これらの動物がしだいに減少して絶滅に向かうと、同じ道をたどった。最終的に、カリフォルニアだけに生息地を狭められ、クジラやアザラシといった海洋ほ乳類の死骸を漁って生き残っている。ほかの生息地からは、すっかり姿を消した。

十九世紀から二十世紀にかけてカリフォルニア沿岸地域で人口が爆発的に増えると、カリフォルニアコンドルはうまく暮らせなくなった。一九三〇年代に生息環境保全プログラムが設けられたが、減りつづけるコンドルの個体群にはほとんど効果がなく、一九八二年に全個体数が二二羽と驚異的なまでに減少した。コンドルを絶滅から救う最後の試みとして、アメリカ魚類野生生物局とロサンジェルス動物園とサンディエゴ野生動物公園（現在のサンディエゴ・ズー・サファリ・パーク）が共同事業をうち立てた。カリフォルニアコンドルの飼育下繁殖プログラムを実施する事業だ。同プログラムは、野生の巣から採取した数個の卵と数羽の雛、そして一羽の野生の成鳥で開始された。数年後、残されたカリフォルニアコンドルすべてを野生環境から繁殖プログラムに移すという、議論を呼ぶ決定がくだされた。まだ存在するうちにできるかぎり多くの遺伝的多様性を保全することが目的だ。

カリフォルニアコンドルは、ほかの鳥にくらべて生殖周期が遅い。最初の繁殖は六歳から八歳で、その後はつがいが一、二年ごとにひとつの有精卵をこしらえる。同プログラムでは、飼育下で生殖数を増やすために、〝ダブル・クラッチング〟と呼ばれる方策を採った。巣から最初の卵を取り除けば、雌のコンドルがだまされて二個め、ときには三個めを産むことがある。そこで繁殖者たちは、一個めの卵を人工孵化器に移し、べつの卵が産まれる余地をこしらえた。

ダブル・クラッチングはコンドルには効果があり、繁殖中の雌の多くが首尾よく二個以上の卵を産んだ。ところが、最初の卵が人工孵化器で孵ったところであらたな問題が浮上した。だれが雛を育てるのか。だれがカリフォルニアコンドルとしての行動様式を教えるのか。人工孵化した雛のうち何羽かは、コンドルの里親に預けられてすくすく育った。ところが、孵った雛すべてを預けるには里親候補の数が少なすぎた。繁殖者たちは雛の一部を自分の手で育てるしかなかった。

人間による養育は慎重さを要する。孵化後間もない段階で人間と親密に接触しすぎたら、刷りこみが起きかねない――雛が人間に不健全な信頼を寄せてしまうのだ。人を疑わない鳥は、野生環境に放ったあと不都合な状況に陥ってしまう。なにしろ、人間はときにひどく凶悪なのだから。

そこで人間の繁殖者たちは人形遣いになった。本物のコンドルの親が雛と交流して餌をやる映像をじっくり観て、いみじくも厳格なコンドル流の子育てを身につけ、コンドルの成鳥の頭部に似せた人形を使って可能なかぎり再現した。人形に給餌された雛はまた、指導と社会教育のプログラムも施され、コンドルに育てられた雛やほかの成鳥コンドルと鳥舎で過ごした。

飼育下で誕生したカリフォルニアコンドルの第一世代は、野生のコンドルが全羽捕獲されてからおよそ五年後にカリフォルニア南部の野生環境に放たれた。二〇一〇年末には、カリフォルニアコンドルの数は当初の二二羽からおよそ四〇〇羽にまで増え、うち約半数が野生下で暮らしている。

そして……野生環境に放つ

さまざまな観点から、カリフォルニアコンドルの飼育下繁殖プログラムは成功を収めたと言える。今日、繁殖プログラムが導入されなかった場合よりも多くのコンドルが自由にカリフォルニアで暮らしているのだ。とはいえ、成功への道は遠回りで費用がかかり、当のコンドルもまだ絶滅の恐れから解放されていない。今回コンドルのプログラムが遭遇した問題の多くは、脱絶滅にそのまま当てはまり、ここで論じる価値はじゅうぶんある。

まずは、コンドルのプログラムが個体群の確立までに数々の課題を経験したことから、飼育下繁殖に時間がかかりすぎて成功しない種もあるのではないか。そして、これら生殖ペースが遅い種について、その過程を速める方策はないのか。ゾウの場合、第一世代と第二世代の発達間隔がきわめて長い。セルゲイ・ジーモフは、これがマンモスのクローン作製プロジェクトで最も懸念される材料だと語る。先ごろ、わたしはある会議でジーモフと話をする機会を得た。マンモスが更新世パークをいかに変容させうるかについて、彼が熱弁をふるった直後のことだ。声を低めて、じつはマンモスよりもケブカサイのほうが望ましいのだと彼は認めた。灰色の長いあごひげを撫で、見るからに悲しげなようすで、個人的な時間の制約を考えるなら、五歳で生殖可能になる動物（つまりケブカサイ）のほうが、一五歳までかかる動物（つまりマンモス）よりも理にかなっている、マンモスは自分の子どもがパークに導入することになるだろう、と。

たしかに、生殖回数が多く一度にたくさんの子が産まれる種のほうが、脱絶滅プロジェクトの進みは速いだろう。リョコウバトの脱絶滅プロジェクトを立ちあげる会合で、遺伝子工学を用いる標的としてまず提案された形質のひとつが、一羽の母鳥が一年間に産む卵の数だった。リョコウバトは年に一個の卵を産む。これを二倍にして、各母鳥に一度にふたつ産卵させる試みが提案された。そうすれば当然ながら、リョコウバト飼育プロジェクトの初期段階が促進され、個体群がまだ小さいあいだに扱える鳥の数が増える。だが、もし一度に一個の産卵でもいずれ数十億羽に達するなら、はたして遺伝子工学で繁殖ペースを通常の二倍に変えていいものだろうか。たぶん、コンドルのプロジェクトのように、飼育下繁殖の初期段階でダブルクラッチングを行なうほうが簡単だろう。リョコウバトの個体群がそれなりに大きくなったら現状に戻し、一個めの卵を巣に残したまま親に育てさせればすむ。

育雛も、カリフォルニアコンドルのプロジェクトでとくに苦労した点だ。はたして、脱絶滅プロジェクトで社会性の側面からふさわしい代理親を探し出す、あるいはこしらえるには、どういった段階を踏む必要があるのか。社会集団で育つことはどのくらい重要なのか、その社会集団が完全に自然なものでなかったらどんな影響がおよぼされるのか。幼鳥が人間あるいは代理親の種に刷りこみされることは回避できるのか。これらはとくにむずかしい問いの一覧で、種によって答えがいちじるしく異なるだろう。問題点を最小限に抑えるひとつの方法は、親の子育てがさほど重要ではないし、行動様式も学習されるのではなく遺伝子に組みこまれていそうな種だけを選ぶことだ。きわめて社会性の高いゾウには悪い報せだし、リョコウバトにとってもあまりいい報せとは言えない。なにしろ、一本の木に一〇〇ほども巣がある大きなコロニーを形成し、両親がともに子育てをする種なのだから。とはいえ、この条件でもすべての種が脱絶滅の候補から除外されるわけではない。カメの大半はほとんど親の世話を受けないので、さまざまな飼育下繁殖や再導入プログラムの対象種となりうる。ただし興味深いことに、飼育下で繁殖したウミガメがすでに数十年も海に放たれているが、これまでのところ、ウミガメの繁殖コロニーの形成、あるいは再形成に成功した事例はゼロだ。一定の行動様式が学習される複雑な過程を、わたしたちはまだ理解しきっていない。

コンドルの繁殖プロジェクトが提起するもうひとつの問題は、飼育下での繁殖がどの程度まで行動を変えるのかという懸念だ。人形によって育てられたカリフォルニアコンドルは、鳥舎で指導プログラムを施されたにもかかわらず、本物のコンドルに育てられた幸運な兄弟鳥にくらべて人間への態度がちがう。コンドルの群れへの溶けこみかたが足りないのだ。人間を避けるどころか、生ゴミをつつくのを好み、屋根をうろついてはゆるんだ瓦を噛み、上空からロッククライマーを軽蔑の眼で見つめている。このカリフォルニアコンドルの事例では、野生環境で育った個体の行動とくらべることで行動様式の変化が確認された。野生環境下で観察されたことがない種の場合、何をもって〝自然な〟行動様式とみなすのだろう。

また、代理親または近縁種からなる代理の社会集団に育てられた個体は、〝種の混同〟を起こし、自分の種よりも里親の種に似た行動様式を発達させることがある。同じ種だが遺伝子を編集されていない個体が里親になった場合、ゲノム編集を用いて行動の相違を確立、維持するのはきわめてむずかしく、代理の社会集団をこしらえるか、もう少し遠縁の種を使う必要が生じるだろう。自然環境に放ったのちも、遺伝子編集した個体群と遺伝子編集していない同種の個体群との生殖的隔離を実施することが、大きな課題になってくる。もし両集団の自然分布域が重なっているなら、生殖を管理しないと、両者間の遺伝子的な差異がたちまち失われかねない。

さらにもうひとつ、カリフォルニアコンドルのプログラムが提起するのは、野生環境において効率的で自然な社会構造を確立するために個体をいくつ放つ必要があるのか、という問いだ。野生環境で二三〇羽以上が暮らすいま、どうやら、カリフォルニアコンドルは社会的な動物でその社会構造が生存の鍵になることがわかってきた。彼らは生涯同じ相手とつがい、伴侶と縄張りをとことん守ろうとし、だれがいつ食べるかを決める明確な社会的優位の体系を持っている。この社会構造は、個体群の成長にともなって形成されるまで、科学者の目に留まらなかった。ゾウもきわめて社会的な動物だ。雌は数世代にわたる大家族集団で生活し、子どもを育てる。この集団内では、賢くて支配的な年配の女家長が、たとえば餌や水を求めてどこへ行くか、潜在的な脅威からいつ逃げるかといった決断をくだす。飼育下で繁殖した個体を野生環境で生存させたいなら、最初に放つ時点から、こうした社会構造を出現させられるだけの個体数と年齢幅を確保しなくてはならない。

小さな個体群に影響をおよぼす生物学的な現象として、アリー効果がある。アリー効果が認められる個体群は、一定の閾値より大きくならないと安定しない。その値を下まわったら、個体数が急減していずれ個体群が消滅してしまう。アリー効果の背景となる仮定は、個体群が大きければ個体の適応力が増すというものだ。個体群が小さいと、各個体は捕食者に狙われやすく、伴侶探しに苦労し、食糧源を見つける効率が落ちる。

北米東部におけるリョコウバトの絶滅は、このアリー効果の実例としてよく挙げられる。狩猟圧が増して個体群が小さくなるにしたがい、リョコウバトの個体は巨大な群れによる保護を失ってタカなどの捕食者に狙われやすくなった。また、二十世紀への変わりめに森林の伐採が進み、実をつけるブナやカシといった食糧源を見つけることがどんどんむずかしくなった。個体群が小さいとかぎられた食糧源を見つける能力が落ちるのだ。もし、リョコウバトがアリー効果の影響を受け、巨大な個体群でしか生存できないとしたら、野生環境で自活できるほど大きな個体群を飼育下で作り出すのは、かなりむずかしいだろう。

脱絶滅がめざす最終目標は、人間の介入なしに野生環境で生存できる個体群を生み出すことだ。カリフォルニアコンドルはこの点でも洞察を与えてくれる。野生環境に再定着してからずっと、彼らは獣医の手を必要としつづけている。控えめに見ても二十世紀後半から現在にいたるまで、その個体数が減ったおもな理由は、鉛中毒だ。餌動物の胴部や消化管に残された鉛弾のかけらを食べつづけた結果、鉛が体内に蓄積し、重篤な病気にかかって最後には死んでしまう。鉛弾はカリフォルニアで段階的に使用が廃止され、二〇一九年には全面禁止令が施行される。だが現状は、依然として使用されている。一年に二回、野生のコンドルが全羽捕獲され、獣医の手で徹底的に検査されており、うち多数が治療のため飼育下環境に逆戻りする。そしてとくに多い治療が、血液から鉛を除去することなのだ。費用も時間もかかるがそうしないと、彼らはじきに死んでしまうだろう。

悲しいかな、現実には、大半の種が再導入に失敗している。なぜ失敗するのかは、事例によってまちまちだ。絶滅あるいは絶滅寸前にいたった原因がそもそも正確に突きとめられていないか、コンドルの事例のようにしかるべく解決されていないなら、再導入が成功する見込みはほとんどない。あるいは、飼育下で繁殖した結果、遺伝子的、行動的、社会的な異常が生じ、そのせいで野生環境での生活に適さなくなることもある。

絶滅危惧種としての遺伝子組み換え生物

脱絶滅の最終局面においてもうひとつ考慮すべき重要な問題は、復活させた生物体（あるいは、復活させた形質を持つ生物体）を野生環境に放てるようになったときに規制されるかどうかだ。ほとんどの国に、外来種を放つことを規制する法律がある。この法律がほぼ確実に、現存種の遺伝子組み換えによる脱絶滅プロジェクトに適用される。たとえば、マンモスの形質が出現するようゲノムをコードされたゾウは、おそらくシベリアで侵略的外来種として規制されるはずだ。だが、ブカルドはかつての生息地に放たれてもそうとはみなされないだろう。代わりに、土地利用関連法あるいは絶滅危惧種保護法の管轄下に入る可能性がある。また、べつの可能性も否めない。どの生物体もいくばくかは遺伝子が編集されているので、遺伝子組み換え生物（ＧＭＯ）の範疇になり――おそらくは――ＧＭＯ規制法の支配下に入ってしまう。

ＧＭＯに関しては、じつにさまざまな見解が持たれている。安全とみなすべきか否か、どう管理すべきか、その利用や流通にどの法律を適用するべきか……。こうした見解の多様さが、ＧＭＯを規制するために設けられた法律にも影響をおよぼしている。アメリカはＧＭＯの規制がかなりゆるく、世界屈指の遺伝子組み換え作物生産国でもある。逆に欧州連合（ＥＵ）は世界でもとくにＧＭＯ規制がきびしいが、ＥＵ各国間では、そうした規制が必要か否か、あるいは適正かという点でさえ見解がいちじるしく異なる。ニュージーランドもまた、ＧＭＯ規制が並はずれてきびしい。仮に、いつかモアがよみがえったとき、はたして野生環境に放たれるのを規制によって禁じられるだろうか。また、ニュージーランド人がこれを食べることは禁じられるのか。

復活させた生物をめぐる規制の迷路をたどるために、アメリカ北東部にリョコウバトを放つ事例を考えてみよう。リョコウバトのＤＮＡが入ったゲノムを持つオビオバトが創造されたら――ここでは、簡潔にリョコウバトと呼ぶが――これらのハトは遺伝子工学技術、とくにゲノム編集と始原生殖細胞の移植によるクローニングで作製されたことになる。つまり科学的見地からは、遺伝子組み換え生物になるわけだ。同時に、外来種にもなるし、野生環境に放たれたらほぼ確実になんらかの影響をおよぼすだろうし、さらには絶滅危惧種とみなされる可能性もある。彼らを放つべきか否か、放つとしたらどの場所にすべきか決める監督官庁は、いったいどこなのだろう。

まず、ＧＭＯの位置づけを考えてみよう。アメリカでは一九八〇年代に、既存の連邦機関を用いてＧＭＯ規制の枠組みが作られた。これらの機関はそれぞれ特定の種類のＧＭＯに関して安全性と危険要素を評価する責任を負った。ＧＭＯ由来の食品と医薬品は食品医薬品局に規制され、ＧＭＯ農薬の特性を持つ生物――たとえば、病原体への耐性を生む遺伝子を発現させるよう編集された植物――は、環境保護庁の管轄下に入れられる。ＧＭＯが環境や農業におよぼす危険については、農務省が評価する。

いかにも単純明快な枠組みに見えるが、ひとつ重大な制約がある。これらの法律は、消費を目的とするＧＭＯにのみ適用されるのだ。つまり、リョコウバトの脱絶滅目的が腹ぺこの大衆向けに飼育して売ることでないかぎり、復活させたリョコウバトはアメリカでは――少なくとも、連邦法のもとでは――ＧＭＯとみなされないことになる。

議論を深めるために、わたしたちが食用として売るためにリョコウバトをよみがえらせるのだとしよう。食用のリョコウバトは、食品医薬品局によりＧＭＯとして審査される。もし、オビオバト（つまり、遺伝子を組み換えていない食品）には見られないなんらかの異常な物質が遺伝子組み換えリョコウバトに含まれることが発見されたら、食品医薬品局は飼育と生産を監督する体系を確立する。ただし、食品医薬品局の関連法規は、まんいちリョコウバトが農場から逃げ出してほかの場所に定住した場合の対応は規定していない。

現時点では、ほとんどの国において、GMO規制の対象は食品にかぎられている。もし、食用のリョコウバトが食品医薬局の監督下にあるアメリカ北東部の農場から逃げ出したのち、カナダの国境を越えて、かつての自然分布域で自立個体群をふたたび確立させようとした場合、カナダへの侵入を許されるか否かは、GMOとしての位置づけではなく、侵略的外来種とみなされるか否かによって決定されるだろう。

言うまでもなく、わたしたちの目的はリョコウバトを飼育してその肉を売ることではなく、野生環境に自然な個体群を確立させることだ。おかげで、復活させたリョコウバトは連邦のGMO規制から除外されるが、地域のGMO規制からは除外されない。アメリカでは、地域の規制のほうがはるかに広範にGMOを定義し、地域の法律の多くが食用ではないGMOも禁じている。たとえばカリフォルニア州マリン郡には、隔離された認可医療施設で用いるもの以外は、あらゆるGMOを禁じる条例がある。その条例によるGMOの定義は、〝遺伝子工学を通じてDNAを変更もしくは修正された生物体、またはその子孫〟だ。これを読むかぎり、復活させたリョコウバトをマリン郡へ移すことは許されないだろう。たとえ、この地にスチュアート・ブランドとライアン・フェランが居住し、〈リヴァイヴ&リストア〉――ふたりの脱絶滅を支援する組織――の拠点があるとしても。

多くの国では、復活させた種はGMO関連法ではなく環境関連法――外来生物法、公有地利用法、絶滅危惧種保護法等――で規制されるだろう。最初のふたつが適用される理由は、すぐに理解できる。復活させた種は（すべてではないにせよ）大半が原生種ではないし、それらを野生環境に放つプログラムの多くは、公有地も対象にするからだ。しかし、復活させた種（または復活させた形質を持つ種）を絶滅危惧種として保護するのは、妥当なことなのだろうか。

これは一見、望ましく思えるが、両刃の剣となりそうだ。規制が増えた結果、種の復活を目的にする場合でも、繁殖施設や野生生物管理者が生物種を操ることがむずかしくなる。いっぽうで、規制はさまざまな恩恵をもたらす。たとえば、アメリカでは、保護対象の種に属する個体を明示的な許可なく殺すことは違法とされる。また、各連邦省庁は、自分たちの決定なり法令なりが保護対象種にどんな影響をおよぼすのか考慮して明示しなくてはならない。対象種の生存に不可欠な生息地を確認して守ることが義務づけられ、個体群の回復のために公的拘束力のある計画を策定するよう求められる。

復活させたリョコウバトがアメリカの〝絶滅の危機に瀕する種の保存に関する法律（絶滅危惧種保護法）〟のもとで保護されるには、まず、アメリカ魚類野生生物局によって絶滅危惧種のリストに掲載されなくてはならない。次の五つの要素のうちひとつ以上の悪影響が認められる場合、リスト掲載の資格を得る。一、生息地が失われたか、失われかけている。二、乱獲。三、病気または捕食。四、べつの規制体系による不適切な保護。五、そのほか、存続に悪影響をおよぼす自然の、あるいは人的な要因。復活後の分布域がどうなるか想定できないかぎり、じゅうぶんな生息地があるか否かにもとづいてリストに掲載されるのはむずかしい。GMOを管理する諸法令は、GMOの地位を守るものではない（それどころか、GMOから世界を守るものである）ことから、前述の要素四にもとづく資格はあるだろう。つまり不適切な保護だ。また、リョコウバトにはおそらく遺伝的多様性がなく、それが存続に影響をおよぼす要因（この場合は、人的な）になりうる（要素五）。オビオバトとの戻し交配がリョコウバトの再絶滅につながりかねず、したがってオビオバトが、存続に影響をおよぼす自然の要素とみなされる可能性もある（要素五）。

というわけで、リョコウバトはアメリカ合衆国内で絶滅の危機にあると認められそうだが、種として認められるのか。これは判断がむずかしい。リョコウバトのＤＮＡのかけらをゲノムに挿入されたオビオバトは、個別の種となりうるだろうか。前述の絶滅危惧種保護法は、生物種の定義という泥沼に足を踏み入れず、リストに載せる都合上、いかなる亜種をも、さらに（脊椎動物に関しては）〝明確にほかとは異なる個体群〟でさえも個別種とみなす。復活させたリョコウバトは、実のところ絶滅した遺伝子をいくつか注入したオビオバトだから、〝明確にほかとは異なるオビオバトの個体群〟が、リスト掲載理由として最も可能性が高い。

感情をともなわない法律の観点からは、リョコウバトはアメリカで絶滅危惧種として保護されうる。とはいえ、法律の趣旨に照らして、保護が妥当と言えるだろうか。絶滅危惧種保護法およびその関連法は、現行の絶滅種を守ることを意図している。食品医薬局関連法の多くがＧＭＯを念頭に作られたのではないように、絶滅危惧種の保護関連法も脱絶滅を念頭に作られたわけではない。脱絶滅させた種に既存の諸法令をむりやり適用すると、無数の問題や不確定要素があるだけに、ただでさえ危ういバランスで成りたっていることが多い諸法令を崩壊させて、現時点で保護下にある種に悲惨な結果をもたらしかねない。

このように、絶滅危惧種を守る法律は、人造の種を守ることを視野に入れてはいない。だが、復活させた形質を持つ種は、ほんとうの意味で人造なのだろうか。ゲノム配列が変更されてはいるが、この変更はかつて、いまや絶滅した種のゲノムのなかで自然に生じたものだ。形質そのものは自然なのであり、この形質と現存種のゲノムの組合せが人の手によって作られている。このような意味論的な限界――自然と非自然を完全に区別する必要性――が、既存の環境法がいかに脱絶滅に備えがないかを如実に物語っている。

国際自然保護連合は現在、オビオバトを〝軽度懸念の種〟に位置づけている。リョコウバトの脱絶滅の第一局面には朗報だ。オビオバトを遺伝子操作や飼育下繁殖プログラムに用いるさい、適用される法規制が減るのだから。いっぽうで、脱絶滅の最終局面にはあまり朗報とは言えない。仮にオビオバトそのものに絶滅の危惧があるなら、役所的なわずらわしい手続きを経ることなく、リョコウバトに絶滅危惧種保護法の恩恵を受けさせられる。絶滅危惧種を飼育下繁殖するにあたって自由度を増やすために、絶滅危惧種保護法は実験対象となる絶滅危惧種の個体群を〝非必須〟とみなし、その個体群の生存がその種の生存に必ずしも必須ではないと規定する。非必須の個体群は、同じ種の分布域の核心部から完全に切り離された地域で暮らさなくてはならない。この点は都合がいい。ほかのオビオバトの個体群から切り離されて暮らすことは、オビオバトのゲノムに含まれるリョコウバトの遺伝子の存続にも重要になってくる。

ひとことで言うなら、復活させた種または形質に絶滅危惧種保護関連法が適用されるか否かは、まるきり不透明だ。脱絶滅はどう考えても現行の規制体系にうまく収まりきらないし、異なるタイプの脱絶滅（たとえばブカルドのクローンと、遺伝子をわずかに修正したオビオバト）は異なる規制範疇に入り、既存の法規をあらたに解釈することも求められる。国家間で、あるいは一国家のなかでさえ、脱絶滅をどう規制すべきか、復活させた種をどう管理すべきかについて意見が広く一致する可能性は低い。だが、ひとつだけ確かなことがある。現存種の遺伝子操作は可能であり、種の保全を目的とした遺伝子組み換え生物がじきに登場する、ということだ。

復活させたマンモスにとってよい報せがある。仮にマンモスがよみがえって私有のパークに導入される場合、そのパークがアメリカにあろうがシベリア北東部にあろうが、これらマンモスがGMOとして、あるいは公有地の環境保護法によって規制される心配はない。このパークを訪れる人々は、いかなる法をも犯すことなく、復活させたマンモスを狩って食べることすら許される。ただし地域の法律は適用されるだろうから、そのパークの立地は重要になるだろう。目下のところ、遺伝子組み換えゾウでシベリアの更新世パークを再野生化するというセルゲイ・ジーモフの計画が、明らかな法的障害に直面する懸念はない。

再野生化と生態系の回復に向けて

絶滅した更新世後期の原生大型動物群の代用となる現存種を北米で再野生化させるという発想は、二〇〇五年に発表された当初、マスメディアに華々しく取りあげられた。そして熱狂的な歓迎から暴力的と言えるほどの拒否まで、さまざまな反応がもたらされた。数カ月後、再野生化は主要メディアの見出しからしだいに消えていき、専門的、科学的な報告に委ねられた。その内容には、たとえば、再野生化は生物の多様性を保全する実用的な手段となりうるのか、再野生化プロジェクトの目標ラインをどこに定めるべきか（更新世後期に似た景観を狙うべきか、あるいは先史ヨーロッパにするべきか）といった進行中の議論も含まれる。また、侵略的外来種の駆除や固有種の島嶼部への再定着など、取り組みが簡単な小プロジェクトの成功事例も報告されている。こうした成功は、ジョン・ドンランらが二〇〇五年の論文で描いたものよりはるかに小さいが、それでも重要であることに疑いはない。なんといっても、再野生化――ひいては、脱絶滅――が、景観をがらりと変えうる手段であることを証明しているのだから。

もちろん、復活させた種を野生の生息環境に放してもたらされる生態系の変化は、必ずしも、脱絶滅プロジェクトが当初描いたものではないだろう。復活させた種（あるいは、復活させた形質を持つ種）が生態系に導入されると、その導入は、絶滅したときと同様に生態系を変える。ところが、当該種が消滅したときから生態系は変化しており、再登場でどんな反応が引き起こされるか完全には予測しきれない。結果を一〇〇パーセント担保できないことをわかっているのに、はたして実験を進めるべきなのか。脱絶滅のリスクに釣りあう恩恵とは、どういうものだろう。

第11章
踏み出すべきか

二〇一三年三月一五日、ワシントンD・Cのナショナルジオグラフィック協会本部で脱絶滅の発想を公に喧伝するために、TEDxイベントが催された(1)。時を同じくして、カール・ジマーによる『ナショナルジオグラフィック』誌の特集記事、〝よみがえらせよう(Bringing Them Back to Life)〟が掲載された(2)。

そして二〇一三年三月一六日、〝脱絶滅〟は戦争の勃発や航空機の失踪やマンモスの復活に匹敵するほどの大々的な報道をされた。わたしたちイベント関係者はこうなることを予期していた。最大の関心事は、誇大表現をなんとか抑え、聞いてほしい人すべてにわたしたちのメッセージが届くようにすることだ。わたしたち脱絶滅を支持する者たちは(このプログラムの参加者すべてが支持しているわけではない)、いま生じつつある絶滅に抗うための武器に脱絶滅が加わることを期待した。

だが同時に懸念したのは、自分たちが環境保全コミュニティーから、かぎられた資源を競いあう者たち、もっと悪く言うなら、絶滅危惧種の保全を気にかけずにすむ好都合な口実を提供する者たちとみなされることだ。

この大イベント前日のリハーサルで、主催者のライアン・フェランとスチュアート・ブランドは、最も多いと予想される質問群への簡潔にして明瞭な（そして矛盾のない）回答を載せたメディアパッケージを関係者に回した。前日の夜には、主催者ふたりとわたしたち（つまり講演者）が地元および全国のメディア、政治家、環境保護志向のNGO代表ら精選メンバーを招待制のキックオフイベントでもてなした。こうしたお膳立てにより、わたしたちの示す科学が本物であり、わたしたちが歴史的、政治的文脈を心から理解したうえで活動していること、わたしたちのメッセージがアメリカ国内および国際的な環境保護運動に――プラス、マイナスの両面から――およぼしかねない影響も認識していることを利害関係者たちに納得してもらえるよう願っていた。わたしたちの意図は、科学空想物語を扇情的に扱うことではなく、利害関係者や一般大衆と筋の通った科学的に有効な議論を交わすことなのだと、はっきり示したかった。

ＴＥＤｘはみごとに組織化され、学問的に興味深く、とても楽しいイベントだった。わたしの講演内容は絶滅種の完全な複製をよみがえらせることに必ずしも肯定的ではなかった。ほかの人の話のほうが情熱にあふれ、すぐにでも大きな進展があると予言していた。カモノハシガエルのプロジェクトを率いるオーストラリア人科学者、マイク・アーチャーは、自分の講演のさなかにオーストラリア国内のマスメディア向けに公表されることとなった最新の実験結果を発表した。マイクの研究チームはおりしも、絶滅したカモノハシガエルの冷凍細胞から胚を作ることに成功したばかりだった。このカエルは自分が産んだオタマジャクシをのみこみ、完全に変態した若ガエルを吐き戻す、というきわめて特異な両生類だ。カモノハシガエルの胚はわずか数日しか生きなかったが、今回の研究はその脱絶滅に向けた重要な一歩である、とマイクはまっとうな主張を行なった。ベン・ノヴァクはリョコウバトへの執心ぶりを恥ずかしげもなく示し、この鳥をよみがえらせたあといかに野生環境に放つかについて詳細な計画を発表した。保全生物学、哲学、法学、倫理学の著名な教授たちが、脱絶滅は現実的か、危険か、あるいは（いや、かつ）倫理的に非難されるべきかといった相交わる論点を持ち出した。

ＴＥＤxイベントに対する当初の反応は、ほとんどが純然たる興奮だった。じきにマンモスのクローンが作製される！（どうやら、だれひとり、わたしの講演内容に注意を払っていなかったようだ）リョコウバトがふたたび空を黒々と覆う！（鳥類のクローンは作製できないというマイケル・マックグリューの説明を全員が忘れてしまったらしい）世界は救われる！（ある種が消滅したのちも進化しつづけてきた生態系にその絶滅種を導入するさいは、生態系への影響を慎重に考慮しなくてはならない、と強調するスタンリー・テンプルの講演を覚えている人は、たぶん、ひとりもいなかったのだろう）ジョージ・チャーチが世界を変える！（そう、これはたぶん真実だ）

破滅的展開や迫りくる大惨事のほうが、楽しい未来図よりも、新聞、雑誌、ドキュメンタリーの売れ行きを増やす。環境保全科学者たちがよく知っていることだ。取り消しえない気候の変動、差し迫った絶滅、森林およびその生息動物の消滅――これらは、大見出しになる話題だ。解決策、成功物語、再導入――これらの記事は中面の小スペースに追いやられてしまう。脱絶滅にかかわる見出しはわかりきっている。いわく、脱絶滅は危険だ。望ましくないと言う科学者もいる。『ジュラシック・パーク』のようにとんでもない事態を招きかねないし、おそらく招くだろう。現在マンモスのクローンが作製中で、リョコウバトがいまにもまた空を覆い、カモノハシガエルがじきにわが子を吐き出すことを考えれば、一般大衆は恐怖を抱くべきだ。脱絶滅が起こるのをぜひとも食いとめよう！　せめて、象牙の塔でこそこそと危険な実験が進行中なのを大衆が知っていること、それを快く思っていないことを知らしめなくてはならない。

　わたしは中傷文書を受け取りはじめた。そして怯えると同時に、驚きもした。わたしの講演内容は悲観的な色合いが濃く、本書と同じく、絶滅種をよみがえらせたいと願う者がぶつかる障壁をことごとく指摘していた。講演に続いて数多く受けたマスメディアのインタビューでも、前向きながら懐疑的な姿勢をできるかぎり保った。いくつかの例外[3]をのぞいて、マスメディアはわたしの懐疑的な姿勢をよしとしてくれなかった。インタビューでは、聴き手が多大なエネルギーを費やしてわたしに何か扇情的なこと、または物議を醸しそうなことを言わせようとした――愚直に〝ええ、ほかの人たちと連携して、マンモスやリョコウバトに似た性質を持つ生物をよみがえらせる研究をしています〟と答えるだけでは、煽りが足りないというのだろうか。

　支持者からの手紙も受け取った。わたしたちの勇敢さと先見の明を褒め称える人々もいたし、庭いじりの最中に見つけた骨や歯や羽毛を送ろうかと申し出てくれる人もいた。数人の学生が、リョコウバトの復活にかかわりたいので研究室に入れてほしいと請う誠意のこもった手紙をよこした。

カリフォルニアのネイチャー・コンサーヴァンシーのマイク・スウィーニー理事は、カリフォルニアでの脱絶滅になんらかの力添えをしたいと申し出てくれた。ほかにも前向きな支援がどっと寄せられた。

真剣さという点では中傷文書も同じだった。おまえは神を演じているのだと非難された。自分がこの世の終わりをもたらそうとしていることを知らされた。社会の脅威であり、学位を剝奪されるべき人間だと告げられた。ある手紙は、剣歯トラが復活したあかつきには、わたしがその最初の餌食になるべきだとさえ提案していた。

本職の科学者たちは中傷文書を送りつけはしなかったが、代わりに中傷の論文を発表した。じつに賢明かつ高名な科学者数人が脱絶滅の動きに反対する勢力となった。ポール・エールリッヒ教授はスタンフォード大学の著名な科学者にして、スタンフォード保全生物学センターの所長だ。おそらく最もよく知られているのは、人類が今日のペースで増えつづけたら世界がどうなるか不吉な予言をしたことだろう。同じくらい著名な法学教授で生命工学法が専門のヘンリー・T・グリーリーが、みずから主催、組織する同大学の研究会に参加してほしいと要請したが、エールリッヒはかたくなに拒んだ。それどころか、自分の学部のだれひとりとして、脱絶滅という概念をわずかたりとも支持する発言をしてはならないと警告したせいで、スタンフォードの生物学者はこの研究会にひとりも出席しなかった。彼らのすぐ目と鼻の先で開催され、まさしくエールリッヒを激高させた議題が論じられたのだが。

数カ月後、エールリッヒはスチュアート・ブランドと公開討論もどきを行なうことを承知した。

じつはスチュアートは、一九五九年にエールリッヒがスタンフォードで教えはじめたときに学部生としてその下で学んでおり、いまもエールリッヒは彼をよき友人とみなしているのだ。討論はしかし、口頭ではなく、脱絶滅を進めるべきか否かについて対立意見を示すふたつの書面エッセイの形で行なわれた。

エールリッヒ教授のエッセイをはじめて読んだとき、わたしは彼が強調する問題点に驚かされた。というのも、その多くはたしかに妥当で、重要で、考慮に値するものだが、脱絶滅に固有の問題ではないからだ。種の多様性の保全ツールがあらたに登場するたびに持ちあがる問題と同じであり、エールリッヒ自身もなじみがある議論の多い領域なのだ。エールリッヒは脱絶滅の金銭的コストの問題からエッセイを始めているが、より強い反対理由は、間接的だが害が大きいと思われるコスト——すなわち社会、絶滅危惧種、絶滅危惧生態系にもたらされるかもしれない損害だった。

ささやかなものから根強いものまで、脱絶滅に向けられたあらゆる反対は純粋な恐怖から生じており、なんらかの対応が求められる。わたしはこれから、最もよく耳にする懸念、あるいは議論の中核をなすと思われる懸念について論じる。すべての問いには答えを提供できないし、この事実は脱絶滅のとくに悩ましい点でもある。たしかに、脱絶滅にともなうコストは数多く存在する——現時点では想像だにできないコストも含めて。だが、ひとつ言わせてほしい。エールリッヒ教授も匿名の中傷文書の送り主も言及していないきわめて重要なコストがひとつ存在する。それは、何もしないコストだ。

危険な病原体も復活するのでは？

——絶滅種の最後の個体がなぜ死んだのかわからないのなら、危険な病原体に殺された可能性もあるのでは？　もしその個体をよみがえらせたら、危険な病原体も一緒に復活する恐れはないのか。

おそらくノー。この問題に答えるには、病原体がどこに保存されそうか考えることが重要だ。病原体の大半は、感染した生物のゲノムに組みこまれない。代わりに、その生物の特定の部位を攻撃する——たとえば肺、肝臓、血液細胞などだ。もし、絶滅した生物の組織が蘇生され、その組織にたまたま病原体が含まれていたなら、その病原体もまた蘇生される可能性はある。シベリアで最近見つかったマンモスの一頭には、血液のようなものが存在し、血液細胞のようなものも含まれている。仮にこの生物が血液感染性の病原体に感染していたなら、血液状の物質に血液感染性の病原体の細胞が含まれているかもしれない（わたしの知るかぎり、含まれてはいない）。とはいえ、絶滅種の細胞を蘇生させることは現段階では不可能だ。なにしろ、細胞内の遺伝物質が損なわれすぎている。同じことが、病原体のゲノムについても言える。取り出された病原体の細胞のうち、蘇生できるほど無傷なものはひとつもないだろう。

ゲノムに組みこまれるウイルスもたしかに存在する。わたしたちのゲノムにはそうしたウイルスがたくさん含まれ、そのほとんどは無害だ。もし、わたしたちが骨からＤＮＡを抽出して、そのすべてを解読したら、抽出したＤＮＡには、骨の持ち主のＤＮＡと、死んだときに存在していた感染性病原体のDNAと、埋まってから発掘されるまでの間《かん》に骨に入りこんだあらゆるもの——ほかの病原体も含む——のDNAが混在するだろう。だが、これらDNAのすべては、いや、少なくとも古代のものはすべて、古代DNAの例に漏れず、断片化して損なわれているはずだ。標本に保存されているウイルスなり病原体なりは、どう考えても感染力を持てる状態にない。

動物にひどい仕打ちをすることになるのでは？

これは真実かもしれない。脱絶滅計画を策定するさいには、動物の福祉を明示的に考慮する必要がある。これまでの章で、研究過程において動物が搾取されるか傷つけられる手法をいくつか紹介した。たとえばステラーカイギュウのように、脱絶滅の候補には不適と思われるものもある。動物によけいな苦しみを味わわせずに復活させることが不可能だからだ。技術が進めば、状況は改善されるかもしれない。たとえば、生体内ではなく試験管内での妊娠が技術革新で実現できれば、異種間交配の必要性は消える。動物の福祉という観点からすると、とくに問題の多い脱絶滅の局面は飼育下繁殖だろう。閉じこめられた動物の基本欲求と、野生環境に放したときに飼育下環境の影響をいかに最小限に抑えるかをよく理解することが、脱絶滅の成功への鍵となる。この分野では研究が盛んに行なわれており、いずれ大きな進展があるだろう。現段階では、依然として、数多くの動物が苦しむ可能性が脱絶滅の深刻な障害となる。

いま生存している種の保全を優先すべきでは?

二〇一四年、わたしはイギリスのオックスフォードで催された会議に参加した。生態系の維持に大型動物類が――絶滅種、現存種ともに――果たす重要な役割についての会議だ。基調演説を行なったのは、ジャーナリストにして環境活動家であり、『ガーディアン』紙に毎週コラムを寄稿するジョージ・モンビオット。彼の演説は活力と情熱に満ち、ヨーロッパの再野生化を支持しようと訴えるものだった。感極まって(少なくともわたしの記憶では)目に涙を浮かべながら、彼は腹立たしげに叫んだ。「脱絶滅に資金を提供する億万長者たち――彼らはそれよりも、ヨーロッパへアジアゾウを導入することに巨万の富を投資すべきだ!」

ゾウに関する彼の意見には、わたしも同意する。モンビオットの最大の論点は、ヨーロッパの植生がゾウの一種――マンモス――と連携して進化したのであり、ゾウが失われたいま、空間的な余地が見つかるなら彼らを連れ戻すべき、というものだ。たしかに、そのとおり。本来の生息地が消えつつあるゾウを、ヨーロッパのすでに再野生化が進められている地域に導入できるなら、やればいいではないか。ヨーロッパの一部でなら、アジアゾウは遺伝子操作なしに生存できるかもしれない。

だけど、億万長者というのは? 彼らはだれで、どこにいる? ぜひとも、その連絡先を教えてもらいたい。現時点で、研究資金を提供されている脱絶滅プロジェクトなどわたしはひとつも知らない。億万長者が提供する資金だなんて、なおさらありえない。ジョージ・チャーチの研究室で生物工学の研究が進められるのは、べつの用途があるからだ――なかでもとくに、人間の病気を治すという用途が。わたしのグループがリョコウバトとオビオバトのゲノムを解読する費用は、カリフォルニア大学のなけなしの研究予算と、古代ゲノムの組立技術の開発を目的とする民間財団からの資金と、〈リヴァイヴ&リストア〉からの数千ドルの寄付と、ベン・ノヴァク、エド・グリーンほかグループ内の人間の無償奉仕でまかなわれている。ブカルドのプロジェクトは地元の狩猟連盟からいくばくかの支援を受けているが、このプロジェクト全体の資金にはとうてい足りない。たとえ億万長者が脱絶滅に投資しているとしても、わたしの耳には聞こえてこない。ぜひとも、そういう話を聞きたいものだ。

脱絶滅は、現存種および生息環境の保全と資源を争うべきなのか。断じてちがう。では、これらの組織と資源を奪いあっているのか。現時点では、きっぱりちがうと答えられる。二〇一四年、アメリカ政府は国際的な種の保全活動に総額で四億一四〇〇万ドル弱の予算をつけたが、脱絶滅の研究予算はまるきりゼロだった。コンサベーション・インターナショナルは年間およそ一億四〇〇〇万ドルの支出を報告しているが、そのうち脱絶滅プロジェクトに使われるお金はゼロだ。世界自然保護基金はさまざまな国際プログラムにおよそ二億二五〇〇万ドルを費やしているが、うち脱絶滅にかかわるプログラムはひとつもない。

脱絶滅の後半の局面に到達したときには、たとえば飼育下で繁殖して野生に戻し、自活する個体群を長期的に管理しようとしたら、ほかのプロジェクトの予算にまぎれこませるのはむずかしくなる。マンモスの繁殖が人類の遺伝子病の治療につながるとは考えにくく、ひいてはアメリカ国立衛生研究所の助成でマンモスの繁殖費用をまかなうことは正当化されにくい。マンモスを繁殖する時期が来たら、あらたな資金源を探す必要がある。種の保全活動に資金を提供しているところとは、たぶんちがう資金源になるだろう。人は自分が気にかける活動に寄付するものだし、気にかける対象は人によってさまざまだ。ホッキョクグマやパンダの窮状を気にかける人々は、おそらくリョコウバトをよみがえらせたい人々と同じではない。願わくば、脱絶滅にはずみがついたと思われるいま、その勢いで保全活動へのあらたな資金提供源が見つかり、野生環境の創造と保全にもっと関心が集まりますように。

脱絶滅が種の保全への関心――より端的に言うなら、保全研究への資金提供――を増やす可能性を思うと心温まるが、同時に、脱絶滅研究の現在の資金集め戦略には大きな弱点があることを思い知らされる。今日、脱絶滅研究の対象となるのは、科学者たちが関心を抱いている種だ。いっぽう、一般の人々は、個々の研究に資金を提供するよう求められる。種の保全資金の大きな割合がとりわけカリスマ性のある種に費やされるのと同じく、脱絶滅の対象種もまた、大衆への訴求力にもとづいて選ばれるだろう。人々はたぶん、絶滅したカンガルーネズミやリクガイよりもはるかにドードーやステラーカイギュウに関心を抱くはずだ。たとえ、ドードーやステラーカイギュウよりカンガルーネズミやリクガイのほうがほぼ確実に生態系の安定に重要な役割を果たすとしても。カリスマ性のある巨大動物群が好まれる傾向から、いずれは、種の保全研究に見られるのと同じ分類学的な不均衡が脱絶滅プロジェクトにもたらされるだろう。

もし、脱絶滅を現代の絶滅に抗う有効な武器にしたいなら、社会のあらゆる部門が——科学者だけでなく——手を取りあって、実現に向けた資源を見つけなくてはならない。

絶滅を脱した種には行き場所がないのでは?

残念ながら、脱絶滅の候補とされる種の多くは住むべき生息地を持たない。人間がこの世に増えれば増えるほど、ほかの種の居場所が減っていく。世界の多くの場所で、森林伐採や密猟が重大な問題となっている。これらの問題がそもそも絶滅を引き起こすのなら、絶滅状態を取り消す前にこれらを解決しなくてはならない。

種によっては、見つかる可能性がある空間以上の広さを必要とする。ハイイロオオカミの個体群は人間の魔手から守られたイエローストーン国立公園のなかで急成長している。この公園は九〇〇〇平方キロの空間をオオカミに提供するが、じつはそれだけでは足りない。縄張りと支配的立場を求めて互いに競ううちに、オオカミは公園の境界を越えてしまう。そして騒ぎを起こし、銃で撃たれる。支配的な地位のオオカミが撃たれたら、公園内の社会構造と力関係が乱れてしまう。ハイイロオオカミは、イエローストーン国立公園の大きさの空間では持続可能な平衡を保てないのだ。

ふさわしい生息地をじゅうぶん見つけることは、脱絶滅プロジェクトのいくつかにとってまちがいなく障壁となる。だからといって、ほかの種の脱絶滅適性を評価する妨げにはならない。また、侵略的外来種を取りのぞいたり、密猟や森林伐採を禁じる法律を施行したりといった、生息環境を改善する努力をやめる必要もない。逆に、脱絶滅の文脈でこれらの問題に注力すれば、あらたな投資やあらたな解決策が生じるかもしれず、ひいては現存種の保全プロジェクトにも恩恵があるだろう。

絶滅を脱した種を野生環境に放すと現行の生態系を破壊するのでは？

この問題に関しては、あくまで〝可能性はある〟とだけ答えておく。当然ながら、脱絶滅プロジェクトを開始する前に、あらたな種を野生に戻したときの環境影響評価を徹底的に行なわなくてはならない。もし脱絶滅の候補種が動物であるなら、以下の分析もその評価に含まれる。当該種が何をどれだけ食べるのか、資源をめぐってどんな種と競いあうのか、いつどこで眠るのか、どのような手段でどのくらい遠くへ移動するのか、何に捕食されて捕食された影響はどう生じるのか、病気の媒介動物となりそうか、栄養循環、受粉、微生物群集等々にどんな影響をおよぼすのか。いかに徹底的かつ念入りに評価を行なおうと、予期せぬ異種間の相互作用や予期せぬ生態系への影響が生じるはずだ。これはどうやっても避けられない。種が絶滅すると、生態系はその不在に順応するよう進化する。ほかの種が、ときには侵略的外来種すらも入ってくる。絶滅種を再導入したら、生態系内の既存の力関係を乱しかねない。だが、その生態系が〝破壊される〟というのは言いすぎだろう。たしかに、種の導入は生態系を変える——多くの場合、それが導入の目的なのだ。したがって、危険性の評価においては、生態系が変わるか否かではなく（どうしても変わってしまうものだから）、どう変わるか、ほかの種がどんな影響を受けて、再導入された種がその生態系内で持続可能かどうかを問うことになる。

これらの評価が完了すると、種によっては脱絶滅の候補にふさわしくないことが判明するだろう。破壊力が大きすぎて、人類が支配する窮屈な今日の世界にはなじまない種もある。身長四メートル半を超すショートフェイスベアがロサンゼルスの繁華街をうろつくさまを想像してみるといい。どう考えても住む場所がない種もある。たとえばヨウスコウカワイルカは、揚子江の水質が劇的に改善しないかぎり自然の生息環境には戻せない。また、確保できないほど長期の投資を必要とする種もいるはずだ。一部の種については行動や生態がほとんど知られていないせいで、もとの生態系に放ったときの恩恵よりも環境が激変する危険性のほうがはるかに上まわる。

仮に、再導入が破滅的な結果をもたらす場合、なんであれ必要な手段をすべて講じれば生態系からその種を取りのぞける。再絶滅はたしかに過激な方策だが、すでに手元にある専門知識に頼れる。もちろん、言うほど簡単ではないかもしれない。生物はひとたび放たれたら、導入された生態系に影響をおよぼしはじめる。そうした変化を歓迎する、いや許容できるかどうかすら、全員の意見が一致するとは思えない。問題の種を取りのぞく判断は社会全体としてくだすべきだが、簡単にはいかないだろう。

イギリスのビーバーの例を見てみよう。最近まで、ビーバーはイギリスでは絶滅していた。四〇〇年ほど前に、ビーバーの毛皮や薬効のある分泌腺を珍重する人間と、ビーバーをきらう人間の手によって絶滅に追いこまれた。ビーバーは破壊的だ。木を切り倒し、それを用いてダムを造り、結果的に川を氾濫させる。死んだビーバーのほうがよいビーバーなのだ――少なくとも十六世紀のイギリス人にとっては。かくしてビーバーは消滅した。ところが二〇〇六年、スコットランドのテイ川沿いに住むビーバーが発見された。二〇一四年はじめ、野生のビーバー一家がイングランド南西部のデヴォンにて、オッター川で遊んでいるのを目撃された。いずれのビーバーの個体群も、個人に飼われていた個体が意図的かつ不法に放たれたのちに定着したものと思われる。

テイ川沿いでもオッター川沿いでも、ビーバーに抱く感情は住民によって大きく異なる。ビーバーが再出現してすぐ、環境への好ましい影響を見出した住民もいる。川沿いにダムを築くおかげで、せき止められた緩流の浅瀬に産卵するカエルにあらたな生息環境がもたらされた。カエルとその卵は昆虫、鳥類、魚類の貴重な食糧源となり、ビーバーが戻ってきてからそれらの個体数が増えた。ビーバーのダムはまた、地域の湿地を再定着させはじめ、住民たちはその湿地が川の氾濫を食いとめるのにひと役買うことを期待している。逆に、ビーバーをきらう住民もいる。ビーバーのダムはサケやマスの回遊ルートをふさぎ、川の氾濫を減らすどころか増やして川沿いの農場に壊滅的な影響を与えかねない、と彼らは主張する。

ビーバー、魚類、農業はイギリスで何世紀にもわたって共存してきた。いっぽうで、田園地方の風景はこの四〇〇年間にいちじるしく変化した。そのせいで、共存が再開するかどうかはまるきり不明だ。

では、どうしたらいいのか。不法に放たれたビーバーをイギリスの田園地方から取りのぞくべきか、それともいっそう多くの川にビーバーを導入すべきか。答えるのはむずかしい問いだ。イギリスは欧州連合の一員として、地域内で絶滅に追いやられた固有種を再導入するよう求められている。野生環境に暮らすビーバーは、すでにEU法下で法的保護の対象となるかもしれない。イギリス国内では、イングランド、スコットランド、ウェールズがそれぞれ管轄内でどうすべきか独自に決定し、方針が一致していない。ウェールズは田園地方へのビーバー導入を認める方向で検討しているのに対し、イングランド政府はオッター川沿いのビーバーを捕獲して飼育下へ移す公的プログラムを策定した。スコットランドのテイ川沿いには、いまや三〇〇匹のビーバーが生息している。スコットランド政府はほどなく、彼らを留まらせるか否か判断をくだす予定だ。

前述の例は、脱絶滅を進めるさいに社会が解決すべき大きな問題を、もうひとつ浮かびあがらせる。それは、脱絶滅実験の失敗がどの時点で明らかになるのか、ということだ。ビーバーの事例の場合、放ったのちの環境への影響は、ビーバーがまだ生息している地域の状況から推測できるだろう。だが、完全に絶滅した生物を放つ場合はそうはいかず、まんいちすべてが最悪の方向へ進んだときのリスクはたしかに増大しかねない。

この論点については最初に戻り、本書の冒頭で述べたことをふたたび述べたい。再絶滅はまちがいなくひとつの選択肢であり、脱絶滅に懐疑的な人々の最大の恐怖を静める選択肢でもあるが、人々があまりに拙速にこの過激な手段に訴えることをわたしは懸念する。異種間の相互作用が生じるまで、場合によっては長い年月がかかるだろう。復活させた種が導入された生態系は、当初は不安定になり、時を経てようやく、脱絶滅プロジェクトの目的である異種間の相互作用が再確立するかもしれない。これらの実験には時間がかかるわけで、どうか自分たちが辛抱強くなれますようにとわたしは願う。とはいえ、知らないこと、予測できないことに恐怖を抱くのは自然な反応だ。辛抱強く対処するのは容易ではない。

環境を管理することが妥当か否かの問題は、脱絶滅にかぎった話ではない。種を保全するさまざまな戦略は、生態系の完全な管理（いわば〝ガーデニング〟）から自然の営みに任せること（〝純然たる保護〟）への連続体だと考えられる。脱絶滅は混乱を生じる方策であり、だからこそ、ある程度までガーデニングが求められる。とはいえ、混乱を生じるほかの方策――再野生化、管理下での移住、島の生態系の回復――と同じく、脱絶滅は保全戦略のほぼどの局面でも役割を果たせるはずだ。つねにガーデニングが必要な種もあれば、ひとたび定着したら持続には介入がほとんど、あるいはまったく必要ない種もあるだろう。混乱を生じる方策はどれも本質的にリスクをはらみ、人間が手を出したせいで好ましい結果より悪い結果のほうが多く生じる可能性はつねにある。だが、純然たる保護を貫く方策もまた、リスクをともなう。もし、じゅうぶんな生息地が保全できなかったら。もし、保全された生息地に個体群の再定着がなされなかったら。そもそも人口増加の影響を完全に排除できる生息地は少ないので、ある程度まではすでに介入が生じているとも言える。すでにおよぼされた悪影響を減らすためだけに、いっそう介入が求められる場合もあるだろう。

島の生態系の回復プロジェクトは、たとえばモーリシャス沖で実施中のふたつが好例だが、介入が効果的なことを証明しつつある。ラウンド島とエグレット島で、保全生物学者たちが侵略的外来種を取りのぞき、固有種を再定着させようとしているのだ。だが、さまざまな問題もある。かつて島に数多くいたゾウガメが絶滅したせいで、在来植物がじわじわと侵略的外来植物に置き換わっている。これら在来植物は生長が遅く、草丈が低く、カメに食べられにくい小さな堅い葉を持つ。また、イネ科の植物（カメのおもな食糧源）が豊富ではない時期に実をつけ、腹を空かせたカメに種子をばらまかせる。ところがゾウガメがいなくなり、カメの存在に適応したこれら在来植物を外来植物が凌駕した結果、いまや在来植物の多くが絶滅の危機に瀕している。

失われた在来植物とゾウガメの相互作用を回復させようと、研究チームはインド洋のほかの場所でまだ生き残っていた別種のゾウガメを導入して、絶滅したモーリシャスのゾウガメの機能を代用させようとした。導入されたゾウガメはあらたな生息地にたちまちなじみ、草食のカメへの防護策を持たない外来植物を好んで食べだした。それから、在来種の実も食べた。種子をばらまく大型草食生物がいないせいで生存に苦労していたコクタンの木立が、島のあちこちに出現しはじめた。

脱絶滅が可能になったら、かえって絶滅が加速するだけでは？

倫理観を喪失するというこの主張は、人類のおぞましい側面を示す。なにしろ、簡単な修復の見込みがごくわずかにあるだけで（ごくわずか、というのは事実だ）、現実には修復がさほど簡単でも完全でもないのに、人々が絶滅危惧種の保全努力を投げ出してしまうことを想定した主張なのだから。たしかに、絶滅危惧種を保護する法律は複雑でわかりにくく、ときに見当ちがいなこともあるし、多くは時代遅れだ。とはいえ、種の多様性の保全に関心を抱く人々が、脱絶滅が可能になったからといって、たちまち関心を失うとは思いにくい。

もちろん、種の多様性の保全を優先しない人は大勢いるし、さまざまな種が保護対象からはずれることになんらかの利害を持つ人もいる。こうした場合、脱絶滅の発想がゆがめられて特定の政治課題の推進に結びつく恐れがある。だが、政治や大企業が生物工学を用いて法律や規制や世論を操るのは、とくに脱絶滅にかぎった話ではない。

〝神を演じている〟のか

一九六八年の『全地球カタログ』創刊号で、スチュアート・ブランドは「ぼくたちはいわば神であり、その役割を上達させたほうがよい」と書いた。スチュアートの原動力となる多くの発想と同じく、この一文には（人類学者エドマンド・リーチの著書『暴走する世界（*A Runaway World*）』を読んでいるときに思いついたものだが）、驚きに満ちた風変わりで楽しい未来をひたすら楽観的に想像するよう、人々をうながす意図があった。だが、彼はそこで足を止めてほしくないとも考えた。想像したとおりの未来を実現すべく、ひたむきに行動してほしいと願っていたのだ。

スチュアートが科学や社会に関して当時もいまも問題視するのは、現状への服従だ。そして無関心。彼の主張は単純かつ前向きだ。ぼくたちはよりよい未来を作れるが、ただぼんやり傍観してそれがやって来るのを待っていては作れない。ぼくたちが――ひとり残らず――参加しなくてはならない。自分たちの知性と先進技術をよい目的に使うのはぼくたちの責務である。

〝神を演じている〟という論評は、とくに脱絶滅だけに向けられるものではなく、よく理解されていない新しい技術への反応としてしばしば現れる。宗教的な文脈でありながら、隠喩的な非難であることも多い――たぶん、〝神を演じる〟とは単純に、深長な意味を完全に理解しないで強力な道具を使用することを意味するのだろう。

脱絶滅の事例において、神を演じているという非難は、人間が自然を操ることへの懸念の表れだ。あらたな生物を創造し、生物群集の構造を変え、絶滅に向かう軌道をねじ曲げて、自分たちが理解しておらず、ゆえにおそらく手を出してはならないことに手を出している、と。だが思い出してほしい、人間が自然を操るのは脱絶滅がはじめてではない。およそ三万年前のヨーロッパでハイイロオオカミを家畜化しようとしたのを皮切りに、わたしたちの種はほかの生物の遺伝子を自分たちに都合よく操作しはじめた。わたしたちが口にする食べ物のほとんどは、味覚に合うよう、そして飽くなき需要の増大を満たすよう、遺伝子が組み換えられている――ただし、ゲノム編集によってではなく、交配によって。さまざまな種の導入にしても、意図的であれ偶然であれ、わたしたちが舟を作ってべつの場所へ航行するすべを覚えた当初から、ずっと発生している。そして、いまわたしたちが進む絶滅への軌道そのものも、まずまちがいなく、人間が誘導したものだ。

脱絶滅の場合、神を演じているという主張の背景にあるのは、制御を失うことへの恐怖だろう。これはもっともな懸念だ。だが同時に、科学的なプロセスを用いて理性的に表現され、語られるべき懸念でもある。

脱絶滅がもたらす生物はもとの種と同じではない

これは正しい。同じであるはずがない。

スチュアート・ブランドは、ポール・エールリッヒとの文書による討論のなかばでこう綴っている。「リョコウバトのように見え、飛翔するなら、それはもとの鳥でしょうか」わたしの答えは、ノー、同じではない――本書のこれまでの議論から、なぜ答えが〝ノー〟なのかおわかりのはずだ。重要なのは、もとの種と同じでなくともわたしはかまわないし、おそらくスチュアートもかまわないだろう、ということだ。

めざすのは、かつて生きていた種の完全な複製を作ることではない。第一に、技術的に不可能だし、いずれ可能になるとも思えない。第二に、絶滅種の完全な複製を作る切実な理由がない。脱絶滅の最終目的は、生態系を回復または蘇生すること、ひとつ以上の種が絶滅したせいでもはや存在しない異種間の相互作用を復元することだ。この目的を達するために絶滅種の厳密な複製を作る必要はない。絶滅種の代用として機能するよう、現存種を遺伝子工学で作り変えればいい。過去の適応――偶然に生じ、進化を通じて洗練された適応――を、いまだ現存する種のなかに復活させればいい。

もっと言うなら、これらの技術を脱絶滅に限定する理由はない。たとえば遺伝子の多様性に欠けている、あるいは、めまぐるしく変動する気候にすばやく適応できない、といった要因で現存種が絶滅の危険にさらされているなら、その適応を促進させればいいではないか。

アメリカグリの木は、種の保全にゲノム編集がいかに大きな力になるかを示す好例だ。一九〇〇年ごろ、アジアからうっかり持ちこまれた真菌が、アメリカグリをほぼすべて消し去った。空気で運ばれる真菌が樹皮に癌腫を生じ、地中の栄養素の流れをせき止めて、クリの木を殺すのだ。残された根からあらたな芽が出ることもあるが、どれひとつとして、この致死性の真菌から逃れられない。遺伝子工学のおかげで、アメリカグリはいま、北米東部の落葉樹林でめざましい復活を遂げようとしている。ニューヨーク州立大学シラキュース校のビル・パウエルとチャールズ・メイナードらアメリカグリ研究・復活プロジェクトが、真菌への耐性がある品種を遺伝子工学であらたにいくつか生み出した。そして二〇〇六年、この真菌耐性のあるクリの種子をはじめて野生環境に植えた。今日、ニューヨーク州には遺伝子組み換えアメリカグリの木が一〇〇〇本あまり育っている。

実証主義の烙印

実現の可能性がどのくらいあるかはともあれ、脱絶滅は、わたしたち――わたしと同じく、自分たちの研究が環境に好影響をおよぼすことを期待する科学者たち――を快適な安全地帯の外へ押し出した。まさしくスチュアート・ブランドが予見したとおり。もちろん、スチュアートは脱絶滅にもっと多くをなし遂げてほしがっている。彼が脱絶滅に定める目標は、〝人類の月着陸と同じくらい大きな可能性を再構築すること〟だ。(4) 当然ながら、絶滅種を復活させる、または絶滅した形質を現存種のなかに発現させることが可能になったら、〝絶滅〟の意味するものががらりと変わってしまう。だが何よりも重大な変化は、現存種へのわたしたちの態度になるだろう――これこそ、可能性の再構築に言及したときスチュアートが頭に描いていたことだと、わたしは考える。絶滅の危機にさらされた個体群を持続可能にする技術的ノウハウを、わたしたちは突然手に入れることになる。では、今後は種を保護するよりも、改良することが、種の多様性の保全のあらたな方針となるのだろうか。現存種を窮境から救う形質を突きとめようとして過去に目を向けるなら、絶滅を防ぐことと取り消すことの境目はどこになるのだろう。そもそも、境目を気にするべきなのか。

おそらく、わたしのような人間が脱絶滅という考えに強く惹かれる理由は、これだろう。時計の針を戻して曲がりなりにも祖先のまちがいを正す手段だからではなく、刺激的なすばらしい最先端技術を用いて大きな一歩を踏み出すからだ。脱絶滅は、予想よりもややましな未来ではなく、今日よりもはるかによい未来を能動的に生み出す。一〇〇パーセントのマンモス、一〇〇パーセントのリョコウバトを復活させられないことは重要ではない。重要なのは、現在、ゾウの細胞をいじってマンモスの遺伝子を発現させられるということだ。数年内に、これらマンモスの遺伝子は現存するゾウの体内にタンパク質を作るかもしれず、結果的に、そうした細胞でできたゾウはもはや、熱帯地域の減少しつつある生息地に閉じこめられずにすむかもしれない。代わりに、シベリア、アラスカ、ヨーロッパ北部の広い空間を自由に歩きまわり、これらの地域に八〇〇〇年間失われていた、活動的な大型草食動物による恩恵をことごとくもたらす。脱絶滅はわたしたちの社会が編み出したどんな方策とも異なるやりかたで、未来の環境変化に備え、また対処していくはずだ。わたしたちの可能性を再構築するのだ。

もちろん、脱絶滅は危険もはらむ。わたしたちは過去をよみがえらせて生じる結果を知りつくしていないし、すべてを予測することもできない。とはいえ、種の保全にかかわる現在の成功物語から、危険を冒す価値はおおいにあると言える。種の保全手段としてカリフォルニアコンドルを野生環境から飼育下へすべて移動させる方策は、途方もない危険をはらんでいたが、彼らを絶滅から救ったことに疑いはない。イエローストーン国立公園にハイイロオオカミの個体群を復活させる方策も危険をともなうと同時に相当な不評を買ったが、いまや公園は、一八七二年の設立時にオオカミその他の捕食動物が積極的に駆除されたのちはありえなかったほどの繁栄をきわめている。シカ、ウシなど野生の動物にヨーロッパの荒れ地を支配させることも、常軌を逸した危険な行為だと騒がれたが、これらの動物が再定着した地域を目にして、人々の野生生物に対する考えかたが大きく変わった。自然の空間とそこに生息する種を保護する政策があらたに生まれたのだ。もし、遺伝子組み換えゾウの第一世代が更新世パークを自由に闊歩しはじめたら、世界はどんな反応を示すだろう。

早く知りたいものだ。

謝辞

数年前、本書を執筆する契約に署名したとき、わたしの目標はただ、古代DNAの研究に携わったその日から繰り返し訊ねられてきた問いに答えることでした。その問いとは、はたしてマンモスのクローン作製は可能なのか、です。本書を作成するあいだに、脱絶滅という発想がこれほど一般的に――そして一見したところ現実的な目標に――なるとは予想していませんでした。科学者として、また語り手として脱絶滅研究の黎明期にかかわるのは、刺激的でわくわくする体験です。この熱狂の波の背後にいる大勢の研究者やオピニオンリーダーに、大変お世話になりました。とくに、脱絶滅の前進に並はずれて尽力してきた〈リヴァイヴ&リストア〉のライアン・フェランとスチュアート・ブランドに。

実のところ、本書の執筆は当初考えていたよりも骨が折れ、と同時に楽しい作業でした。初期の草稿を読んで批評的な意見をくださった人々すべてに感謝します。デイヴィッド・ステイツ、ジェイコブ・シャーカウ、アルベルト・フェルナンデス＝アリアス、ジョージ・チャーチ、トム・ギルバート、トニー・エゼル、モラン・ゴールドシュタインのみなさんが論評、訂正、批評をくださったおかげで本書は確実によくなりました。

プリンストン大学プレスのチームは本書の完成に向けて絶えず励まし、飽くなき熱意を示してくださいました。アリソン・カレットはすばらしい編集者で、刊行までずっとわたしの士気を高め、必要なときは支えになってくれました。ジェシカ・ペリエン、ケイティ・ルイス、クイン・ファスティン、ベッツィ・ブルーメンソールをはじめチームのみなさんととても楽しく仕事ができました。一緒に作業する機会を持ててうれしく思っています。

タイラー・クーンとラヴ・ダレンの傑出した写真技術にも頼らせていただきました。わたしは現場《フィールド》にいるあいだ何千枚もの写真を撮影しましたが、北極の自然のままの美しさを彼らほど捉えきった写真は一枚もありませんでした。また、マサイアス・スティラー、アルベルト・フェルナンデス゠アリアス、アンドレ・エリアス・ロドリゲス・ソアレス、セルゲイ・ジーモフも写真を提供してくれました。どの写真も、ことばでは表現しにくい脱絶滅プロセスの重要な局面を示しています。

カリフォルニア大学サンタクルーズ校のわたしの研究室に所属する人たちにも、お世話になりました。何人かは本書に登場していますが、彼らはわたしの断続的な長期不在、とくに最終締切が近づいたころの不在を許容してくれました。わたしの目が届かなくても研究を進めてくれたこと、研究費を慎重に使ってくれたことに感謝します。

最後に、本書の刊行までずっと支え、励ましてくれた家族、親族のみんな、ありがとう。とくに人生と研究室、いずれの運営でもよきパートナーであるエド・グリーンは、各章がまとまるにしたがって激励、士気、助言をくれ、コンピューターの前で数時間余分に過ごせるようにと育児を引き受け、研究室で途方もない脱絶滅プロジェクトが行なわれるのを容認し、支援してもくれました。もし、最初に絶滅から脱したリョコウバトが雄なら、あなたにちなんで名づけることを約束しますね、エド。

原註

プロローグ

（1）Piers Anthony, *The Source of Magic* (*Xanth*) (New York: Ballantine Books, 1979).（『魔王の聖域――魔法の国ザンス2』ピアズ・アンソニイ著、山田順子訳、ハヤカワ文庫。ただし、邦訳版では〝脱絶滅〟ではなく〝よみがえった生きもの〟となっている）

（2）「あらたな組織〈リヴァイイヴ&リストア〉が、ナショナルジオグラフィック協会の支援と一流の科学者グループの助言をもとに、ロングナウ財団によって創設された。目的は、動物学のあらたな一分野の可能性を探ること。その分野とは、脱絶滅である」*Times* (London), 8 March 2013, http://www.thetimes.co.uk/tto/opinion/columnists/benmacintyre/article3708288.ece.

第2章

（1）スバンテ・ペーボは、ドイツのライプツィヒにあるマックス・プランク進化人類学研究所の所長にして、ネアンデルタール人の完全なゲノムを解析する国際プロジェクトの責任者だが、『ニューヨーク・タイムズ』紙において、ネアンデルタール人は知覚を有する生物として人類と同じ権利を持つのであり、クローンを作製すべきではないと主張している。社説対面ページの特別記事「ネアンデルタール人もまた人間である」は、2014年4月24日に掲載された。

第7章

（1）これは、『テクノロジー・レビュー』のなかでもとくに魅力的で、ひょっとしたら最も影響が長続きするかもしれない記事だ。（『シカゴ・トリビューン』ではどういうわけか数字が入れ替わっているが）ベン＝アーロンは、ゾウは染色体が56本だがマンモスは58本だと述べている。だが実を言うと、マンモスの染色体が何本あるかまだ判明していない。答えはおそらく、良質のゲノムが解読されて組み立てられるまで得られないだろう。にもかかわらず、マンモスの染色体が58本だという〝事実〟がインターネットで広まっている。その情報源については、たぶんベン＝アーロンだと推測するほかない。というのも、参考文献も出典も記載されていないからだ。

第9章

（1）この「北米を再野生化する」という記事は、『ネイチャー』誌の２００５年8月15日号に掲載された。執筆者としてはジョン・ドンランの名しか掲載されていないが、脚注には、コーネル大学のハリー・グリーン、野生生物保護学会のジョエル・バージャー、コロラド大学のカール・ブロックとジェーン・ボック、フォーダム大学のデイヴィッド・バーニー、カリフォルニア大学サンタクルーズ校のジム・エスティーズ、再野生化協会のデイヴ・フォアマン、アリゾナ大学のポール・マーティン、ニューメキシコ州立大学のゲイリー・ローマー、ニューメキシコ大学のフェリサ・スミス、ワイルドランズ・プロジェクトのマイケル・スーレらそうそうたる保全生物学者たちの名が連なっている。

第11章

（1）脱絶滅TEDxは、〈リヴァイヴ&リストア〉のライアン・フェランとスチュアート・ブランドが組織した。すべての講演内容が、http://tedxdeextinction.org/で確認できる。

（2）カールの記事は『ナショナルジオグラフィック』誌の2013年4月号に掲載された。この特集記事では彼の文章に加え、脱絶滅研究の対象候補を示したロブ・ケンドリックの郷愁をかきたてる写真も掲載されている。

（3）ここでは辛辣に書きすぎたと自覚している。この数年間に脱絶滅について書かれた良記事はいくつもある。前述のカール・ジマーによる『ナショナルジオグラフィック』誌の記事はすばらしかった。また、ナサニエル・リッチは『ニューヨーク・タイムズ・マガジン』の2014年3月2日号で、細部に留意した思慮深い記事を載せている。脱絶滅についていままで書かれたなかでも傑出した文章だとわたしは思う。

（4）この文章は、ポール・エールリッヒ教授が参加することを承諾した〝論点／対立論点〟シリーズのうち、スチュアートによる〝論点〟から引用した。イェール大学の〝イェール環境360〟の一環として、2014年1月13日に公表されている。

訳者あとがき

絶滅した生物をよみがえらせるとしたら、あなたは何を選びますか。マンモス？　ドードー？　リョコウバト？　それともニホンオオカミ？

本書の著者は、生態学を専攻する大学院生に同じ質問をして、なぜその生物を選んだのか答えさせています。どんな意見が出たのかは本文を読んでいただくとして、こう問われて、あなたはおそらく、絶滅した生物を復活させる可能性にわくわくしたことでしょう。あるいは、本書でも触れられているさまざまな絶滅動物の復活計画にすでに関心があって、もっと詳しく知りたいと思っていらっしゃるのかもしれません。

本書〝How to Clone a Mammoth: The Science of De-Extinction〟は、絶滅種の復活に向けた科学者たちの取り組みと関連技術の進歩について紹介するとともに、そもそもなぜ絶滅種を復活させるべきなのか、復活させるにあたってどんな障壁があり、どんな問題を考慮しなくてはならないのか、といったことを述べています。タイトルこそハウツー本を想起させますが、当然ながら絶滅種の復活（脱絶滅、de-extinction）は容易ではなく、いまはまだ、実現までの確たる道筋を示せる段階にありません。けれども、けっして夢物語というわけでもありません。本書は、あくまで現実に即して科学的に脱絶滅を語っています。

著者のベス・シャピロはアメリカの進化生物学者で、一九九九年にローズ奨学生、二〇〇九年にはマッカーサー財団のフェローに選ばれるなど、気鋭の科学者としておおいに今後が期待されています。カリフォルニア大学サンタクルーズ校で生態学と進化生物学の准教授を務め、専門は古生物のＤＮＡ解析。とくにリョコウバト、マンモスのＤＮＡ解析の第一人者として活躍中です。そういった背景から、保存状態のよいマンモスのミイラが発見されてクローン作製の可能性が取り沙汰されるたびに、専門家としての意見を求められるようです。たとえば二〇一三年にマンモスの血液らしき液体が見つかったときもそうで、シャピロ氏はナショナルジオグラフィック誌に科学的な見解を示したうえで、クローン作製に一般の関心が集中するあまりほかの重要な成果が軽んじられる状況を嘆いています。ことあるごとに「マンモスのクローンは作製できるのか」と訊ねられるので、その問いに答えてクローン作製の現状と今後の展望を説明するべく、彼女は本書の執筆に取りかかりました。

クローンヒツジのドリー、ユカギルマンモス、体細胞核移植、ｉＰＳ細胞、ノーベル賞を受賞した山中伸弥氏、理化学研究所（現在は山梨大）の若山照彦氏……。本書には、日本でもニュース等でよく見聞きする単語や人物がたくさん登場します。手にとられた読者のなかには、二〇〇五年国際博覧会（愛知万博）でユカギルマンモスを実際に目にし、その壮麗な姿に圧倒された人も多いのではないでしょうか。また、近畿大学の入谷明教授が率いる〝マンモス復活プロジェクト〟の実現に期待を寄せる人もいらっしゃることでしょう。

けれども、発掘されたマンモスの細胞からクローンを作製する日本のチームの手法は実現の見込みが薄い、とシャピロ氏は考えています。代わりに提唱するのが、戻し交配またはゲノム編集技術を用いて、絶滅種に特徴的な形質を現存種のなかによみがえらせるという方法です。そもそも、なぜ絶滅種の復活を試みるのかというと、絶滅によって失われた〝種の多様性〟を取りもどして健全な生態系を維持したい、その絶滅種が生態系内で担っていた重要な役割をよみがえらせたいからだと、彼女は述べています。そうするためには、必ずしも絶滅種とまったく同じ種をよみがえらせなくていい、必要な形質を持った種を誕生させればこと足りる、と。

もちろん、純粋な絶滅種をよみがえらせることに大きな意義を見出す人や、逆にどんな形であれ絶滅種をよみがえらせることに恐怖と嫌悪感を抱く人もいるでしょう。また、どの手法をとっても、立ちはだかる障壁は高く、考慮すべき問題も多く、時間やお金や労力が膨大にかかりそうです。実現段階に入ったときには、現状では想像もつかない障壁や問題が生じるかもしれません。

はたして絶滅種の復活は、種の多様性の維持に不可欠と言わないまでも、大きく貢献するのでしょうか。言い換えるなら、種の多様性を保つために絶滅種をよみがえらせるべきなのか。そもそも、種の多様性は必要なことなのか……。この問いひとつとってみても、さまざまな答えが考えられ、各コミュニティはもちろん、個々の心のなかでも一貫した確たる見解を導き出すのは容易ではありません。

それでも、現在、数多くの科学者が絶滅種の復活に向けて真剣に尽力しています。そしてロマンあふれる壮大なテーマにもかかわらず、シャピロ氏は本書で地に足が着いた議論を展開し、脱絶滅の技術的な限界やさまざまな問題点を冷静に述べつつも、〝何もしないコストの大きさ〟を強調しています。冷静だけれども熱い科学者魂。慎重で控えめながらも真摯な語り口。本書を読むうちに、読者のみなさんも〝マンモスの遺伝子をいくつか持ったゾウがふさふさした豊かな毛を風になびかせシベリアの大地を闊歩する姿〟や〝リョコウバトのにぎやかな群れが北米の空を覆う壮観な光景〟を目にしたい、著者とともに脱絶滅の道筋をたどりたい、という気持ちを抱くかもしれません。

訳者

二〇一五年十二月

装画　田渕正敏
本文デザイン　Malpu Design（宮崎萌美）
装幀　Malpu Design（清水良洋）

著者　ベス・シャピロ　Beth Shapiro

一九七六年生まれ。アメリカの進化生物学者。カリフォルニア大学サンタクルーズ校で生態学および進化生物学の准教授を務める。専門は古生物ＤＮＡで、マンモス、リョコウバト、ドードーなどのＤＮＡ解析の第一人者として活躍。二〇〇九年にはマッカーサー財団のフェローに選ばれ、今後が期待される気鋭の女性科学者。

訳者　宇丹貴代実　（うたん・きよみ）

一九六三年、広島県生まれ。上智大学卒業。英米文学翻訳家。おもな訳書に、エリック・シュローサー『おいしいハンバーガーのこわい話』（草思社）、マーティン・シックススミス『あなたを抱きしめる日まで』（集英社文庫）、スーザン・バリー『視覚はよみがえる』（筑摩選書）、リジー・コリンガム『戦争と飢餓』（河出書房新社）など。

マンモスのつくりかた　絶滅《ぜつめつ》生物《せいぶつ》がクローンでよみがえる

二〇一六年一月二五日　初版第一刷発行

著　者　ベス・シャピロ
訳　者　宇丹貴代実
発行者　山野浩一
発行所　株式会社　筑摩書房
東京都台東区蔵前二─五─三　郵便番号一一一─八七五五
振替　〇〇一六〇─八─四一二三
印　刷　株式会社精興社
製　本　牧製本印刷株式会社

筑摩書房サービスセンター
さいたま市北区櫛引町二─六〇四　〒三三一─八五〇七
電話　〇四八─六五一─〇〇五三

ISBN978-4-480-86083-5 C0045

◉筑摩書房の本◉

〈ちくまプリマー新書〉
〈中学生からの大学講義〉1

何のために「学ぶ」のか

外山滋比古／前田英樹／今福龍太／茂木健一郎／本川達雄／小林康夫／鷲田清一

大事なのは知識じゃない。正解のない問いを、考え続けるための知恵である。変化の激しい時代を生きる若い人たちへ、学びの達人たちが語る、心に響くメッセージ。

〈ちくまプリマー新書〉

「研究室」に行ってみた。

川端裕人

研究者は、文理の壁を超えて自由だ。自らの関心を研究として結実させるため、枠からはみだし、越境する姿は力強い。最前線で道を切り拓く人たちの熱きレポート。

〈筑摩選書〉

生きているとはどういうことか

池田清彦

生物はしたたかで、案外いい加減。物理時間に載らない「生きもののルール」とは何か。発生、進化、免疫、性、老化と死といった生命現象から、生物の本質に迫る。

〈ちくま文庫〉

パンダの死体はよみがえる

遠藤秀紀

パンダの「偽の親指」は間違いだった。通説を疑い、動物の遺体に真正面から向き合うことによって「遺体科学」の可能性を探っていく。

解説　星野博美

◉筑摩書房の本◉

私たちはどこから来て、どこへ行くのか
科学に「いのち」の根源を問う
森達也

科学者たちにWhy（なぜ）と問うことでみえたのは、彼らの葛藤や煩悶の声だった。最先端で闘う科学者たちに「いのち」の根源を問いかける、森達也の新境地！

〈筑摩選書〉
〈生きた化石〉生命40億年史
リチャード・フォーティ
矢野真千子訳

五度の大量絶滅危機を乗り越え、何億年という時を生き延びた「生きた化石」の驚異の進化・生存戦略とは。絶滅と存続の命運を分けたカギに迫る生命40億年の物語。

〈筑摩選書〉
不均衡進化論
古澤滿

DNAが自己複製する際に見せる奇妙な不均衡。そこから生物進化の驚くべきしくみが見えてきた！　カンブリア爆発の謎から進化加速の可能性にまで迫る新理論。

〈ちくまプリマー新書〉
なぜ男は女より多く産まれるのか
絶滅回避の進化論
吉村仁

すべては「生き残り」のため。競争に勝つ強い者ではなく、環境変動に対応できた者のみ絶滅を避けられるのだ。素数ゼミの謎を解き明かした著者が贈る、新しい進化論。